化学と空想のはざまで

―青い地球と酔文対話―

北條正司

創風社出版

はじめに

これから、化学に関連する身近なお話を始めたいと思います。私は、自然科学の一分野の化学を専門として、長年にわたり大学で教育・研究に従事して参りました。仕事を通して、多くの人々との出会いがありましたが、それらは本当にかけがえのない貴重なものでした。また、数限りないほどの化学物質を取り扱い、様々な新規な化学反応を見出し、まさに自然界の驚異にたびたび遭遇するチャンスにも恵まれました。

本書でお話していく「化学と空想のはざまで—青い地球と酔文対話」は、私が歩んできた道程の様々な局面で考えたこと、思い付いたことをまとめたものです。様々な出会いは、些細な「未知との遭遇」に過ぎないのかも知れません。しかし私が珍しい石ころを発見したことを、誰にでも話してみたい、他の人にも知ってもらいたい、そしてその知識をみんなで共有したいと思う気持ちが、日々、湧き立つように強くなってきました。この気持ちの高ぶりが、本書をまとめようと思い立つことになった原動力です。

海辺の砂浜で、子どもが小さな貝殻を見つけたときの喜びに似ています。それから何年もの間、引き出しに入れておき、時々、取り出して眺めてみる度に、砂浜での風の香りや波の音が思い出され、思わず微笑んでしまうのです。このような大事な宝物を見つけた喜びを、母親に見せて共に喜んでもらいたい、見つけたことを一言でいいから褒めてもらいたいという子どもの気持ちからです。

一般に科学の研究においては、自然界の事象に対して、様々な角度から、様々な人々が真実を求めてアプローチします。ある一つの視点から見た事実や、別の角度から検討した結果などを総合的に組み合わせながら、一つの事象に対する全体像を描いてきました。このような操作が果てしなく繰り返されることにより、自然界の様々な事象は、少しずつ、その真実の姿を人の目の前に現わしてきたのです。

たとえば、ある立体に一方向から光をあて、近くの壁に映った影絵を観察します。また、別の角度から光をあて、床や天井に映った影絵を観察することもできるでしょう。このようにして、その物体の確かな外観像を描くことができました。しかし、さらにその物体の中身がどうなっているのかを知るには、物体に大胆にメスを入れてみるなど別の手段をとることや、今までとは異なる発想をしてみることが必要となります。我々自然科学の徒は、時として、研究対象物の外面をなぞることで満足してしまいがちです。そういうことだけではなく、自然界の懐深く飛び込んで、内在する自然法則の一端でも切り取って持ち帰るほどの気概を持ち続けなければなりません。

一八五九年に「種の起源」を出版し、進化論を確立したダーウィンは、従来の考えから大きく逸脱した説を提唱し、それを他人に理解してもらうことの困難さを壊述しています。「私の考えはしばしば大いに誤って伝えられたり、ひどく反対されたり笑いものにされたりもしてきたが、それは大体において誠意をもってなされたものと私は信じています。」

本書の第三部で提示する化学に関する学説は、ダーウィンの進化論のような壮大なものでもなければ、ニュートンの万有引力の法則のように体系化されたものでもありません。子どもが砂浜で見つけた小さな貝殻のようなものでしかないのですが、それでも、このささやかな考えや思い付きを大勢の人に理解してもらい、共感をもってもらうまでには、多大な困難が待ち受けているように思われます。

本書は三部構成となっています。第一部は児童文芸誌「青い地球」に掲載された童話やエッセイからなっています。かつて童話雑誌「赤い鳥」に、高知出身の寺田寅彦の随筆「茶碗の湯」が掲載されたと聞き及んでいます。寺田寅彦には及びもつきませんが、我流で書き綴った童話やエッセイをまとめてみました。第二部は、著者が大学に赴任してから、関係する印刷物へ寄稿した記事などです。

本書はどこから読んでもよいように構成するつもりです。読みやすいところ、少しでも共感できるところから読んでいただき、知識の輪が広がっていくことにつながれば有り難いことだと思います。

本書の内容は、様々の人との対話によってヒントを得たことを記しておきます。高知大学在任中のＹＨ教授との昼食時の自由な会話では、普段とは異なる思考回路が活性化され、著作の励みとなりました。高知大学名誉教授の瀬戸武彦には、草稿の段階から校閲をしていただき、本書脱稿へ道筋が付きました。ドイツ語を専門とされる同氏からは、化学の専門分野の内容にも踏み込んだ貴重な助言をいただきました。

二〇一六年

北條　正司

化学と空想のはざまで ―青い地球と酔文対話―

目次

はじめに　1

第一部　「青い地球」童話とエッセイ

第二部 寄稿文等

第一部　青い地球

童話とエッセイ

子どもと親のための童話

おさかなだいすき

　ある夏のばんのことでした。どこからか、いっぴきのホタルが家の庭にとんできて、木の葉の上にとまりました。ホタルのおしりが明るく光ったり、消えたりしています。子ねこのミイは、いきおいよく庭にとび出し、ホタルをつかまえようとしました。

「ホタルをつかまえてはいけません」

とお母さんが言いました。でも、どうしてつかまえてはいけないのか、ミイにはわかりませんでした。

　うちのミイのじまんは、長いひげと、ちょっと太めだけど長いしっぽです。いつもしっぽを高くもち上げたまま、ゆっくり歩くのです。まるで、自分がトラかライオンのつもりでいるかのようです。

　そのミイにもなやみがあります。実は、お魚がだいきらいなのです。魚の骨《ほね》が、のどにひっかかってしまいそうなのです。いくらおなかがすいても、お肉のごちそうが食たくのおさらにのるまでは、たべようとしません。

今日のお昼も、やき魚でした。ミイはおさらには、見むきもしないで、庭に出て行きました。

庭では、たくさんのアリが食べ物をはこんでいます。

「あーあ、アリはいいなあ。おいしいおやつがいっぱいあって」

とミイはため息とつきました。

そのときです。庭の草むらから、いっぴきのトカゲがとび出してきました。

「あっ、おいしい食べ物かも知れない」

と思って、ミイは一気にとびかかり、トカゲを口にくわえました。そして、いそいで家の中に入り、お母さんに見せながら、たずねました。

「ぼく、おいしそうな物をじょうずにとったよ。食べてもいいの」

すると、お母さんは、

「そんなもの早くすてて、お魚をたべてしまいなさい」

とミイをしかりつけました。

「せっかく、ぼくがじょうずにとったのに、お母さんには、トカゲのおいしさがわからないんだ」

と思いながら、ミイはトカゲをなめまわしてみました。トカゲの硬《かた》く、ざらざらした皮に、ミイの舌《した》がこすれて、なんだか気持ちが悪くなってきました。

いつのまにか、胴体《どうたい》から切りはなされたトカゲのしっぽが、ゆかの上で動いていました。ミイは、しっぽだけがひとりでに動きまわるのを、ふしぎそうにながめていました。


....

とうとう夕食にも、おいしいお肉はでてきませんでした。一日中ほとんど何も食べていないミイは、なきながらねむってしまいました。

気がついてみると、ミイは一人ぼっちで、小さな船にのって、広い海に出ていました。はるかかなたの水平線、青い空と白い雲、そして波の音ばかりです。

「こんなにいい所があるんだったら、もう、家になんか帰りたくない」

と、ミイは空を見上げながら、つぶやきました。

しかし、そのうち、風がではじめたことを、ミイの長いひげは感じ取っていました。見ると、遠くのほうから真っ黒い雲がわいてきて、ものすごいいきおいで、こちらのほうに向かっています。ドンという大きな音といっしょに、大波がミイの小さな船をひとのみにして、ひっくり返しました。ミイは海に投げとばされ、海にしずんでいきました。

「助けて」

と声に出してさけんでみましたが、だれもいないことはわかっていました。悪いことに、なんびきもの大きな魚がこちらをめがけて近づいています。

………………………………………

「もうだめだ」

と思いました。大きく開いた魚の口には、するどい歯が光っていました。

朝になっていました。遠くのほうから、チッチという小鳥のさえずりが聞こえてきます。ミイはおそるおそる目を開けてみました。庭からの明るい日ざしがミイの顔にも当たりかけていました。

立ち上がってみると、朝食のおさらの上には、新しい生魚《なま》がのっていました。ミイは、魚のしっぽのほうをなめてから、思い切ってかじってみました。ほねが口にあたりましたが、よくかむとそれがおいしいのです。ミイには、じょうぶな歯が生えそろっていたのでした。

もう、お魚は大丈夫です。お野菜もだいすきです。ミイはひとりでネズミをとるまねをはじめました。そのうち、きっとミイにも、りっぱなおとなになる日が、くることでしょう。

（「青い地球」53号　二〇〇六年十一月）

「青い地球」とおいしい水

太陽が西に傾き、地平線に近づくころになって、雨があがりました。東の空をふと見上げると、大きな虹がかかっていました。それは本当に大きな七色の虹でした。私はその虹のトンネルを通り抜けて、向こう側に渡りたくなってしまいました。虹は、「希望」のようなもので、近づこうとすればそれだけ向こう側に逃げてしまい、決して近づくことができないものであることを忘れてしまうほどの美しさでした。

これから、生命を育む水の話を始めましょう。私の家の庭にはベビーバス（赤ちゃん用風呂おけ）ほどの小さな池があり、メダカが泳いでいます。実は、その池は本当にベビーバスからできているのです。それでも、春から初夏にかけて、メダカは水草に卵を産みつけます。しかし、メダカの親は、水草に付いている卵を、おいしいエサと間違えて熱心に食べてしまいがちです。ですから、卵が産みつけられた水草は、親メダカのいる池などから取り出して、別の水槽に移してやった方が良いのです。

このとき水槽に入れる水質について注意を払う必要があります。水道の蛇口から出てくる水の中には、消毒用の塩素が入っているのです。塩素は、病気のもとになる細菌類を殺す強い力をもっています。水道水が飲み水として毎日飲めるのは、浄水場で加えられた塩素が、家庭の蛇口の水にも、少量ですが、残っているからです。このように水道水に残っている塩素は、残留塩素と呼ばれ、その濃度は0.1〜0.4ppm（一トンの水の中に0.1〜0.4グラムの塩素成分）の間になることが法律で定められています。

ごく少量の残留塩素量ですが、水道水中の上限値である0.4ppm近くになると、臭気に敏感な人はカルキ臭を感じるようになります。カルキ臭というのは、温水プールなどで感じるあのいやな臭いのことです。学校などのプールには、固形状の塩素成分（カルキ）を投げ込むこともあります。

塩素は生物に対して、決して良い働きをするものではありません。塩素に殺菌力があるということは、細菌などを含めた生物を殺す力があるということです。特に、新しい生命が生まれるとき、その準備として、卵が活発に分裂を繰り返しているときなどには、ごく低濃度の異物であっても、予期せぬ毒性が作用することがあるのです。

これはメダカのような小さな生物ばかりではなく、人間についても同様に当てはまることです。赤ん坊を産み、母親になる前の女性は、水道水中の残留塩素に気をつけなければなりません。とりわけ、「つわり」で気持ちが悪く、食物を食べてもすぐに吐いてしまうような時期には、水道水中の残留塩素に限らず、お茶の中のカフェインさえ体内に取り込まない方がよいのです。

年頃の女性は、美しく皮下脂肪で全身が覆われています。これは一体何のためでしょうか。妊娠したとき、清浄な水以外は、何も口にしなくても、無難に生きることができるためではないかと、考えられます。深海や南氷洋でたっぷり餌を食べたクジラは、体に蓄えられた脂肪を体内で燃焼させることにより生命維持に必要な水を造っています。また、同時にエネルギーが得られるため、それほど餌を食べなくても長い距離が移動できるのです。

飲料水や食物に含まれているかも知れない、または、食物を消化することにより生じるかも知れない微量の「毒物」により、母体の中に芽生えた新しい生命は危険にさらされます。しかし、新しく生まれる生命のために、あらゆる危険（リスク）を回避する素晴らしい仕組みができ上がっているのです。

二〇〇九年五月二十一日に、地球の周りを回っている国際宇宙ステーション（宇宙船）で、「再生水」を造り、初めて宇宙飛行士たちが祝杯を上げながら飲みました。日本人の若田光一さんもこれら三人の飛行士の一人です。この再生水は、飛行士たちが排出した尿や宇宙船内の水蒸気を回収し、浄化して、飲料水にしたものです。

人の尿から飲料水を造ろうとする試みは、昔から各国で行われてきました。第二次世界大戦中には、軍部からの要請により、日本の大学の研究室でも、この研究に取り組みました。試作した「飲料水」を飲んで、陸軍の担当者は「うまい」と言ったとの話を聞いたことがあります。

人間の尿から造った飲料水は、はたして本当に、おいしく飲めるのでしょうか。尿は、体の中の血液を腎臓でろ過したものですから、体液成分のほかに、様々な老廃物が混じっています。老廃物の中には、濃度が高くなれば毒性を発揮する物質も含まれています。これら毒性のある物質は何としても取り除かねばなりません。しかし、その他の成分は元の体液成分であり、人体にとって馴染み深いものですから、人が口にしても違和感があるはずはありません。ただし、全体の塩濃度が高く、少し塩辛い味を感じます。毒性物質を除去した後、塩辛さをなくすには、蒸留水などを加えて希釈するのが一番です。さらに、二酸化炭素が溶け込むようにすれば、尿がおいしい水に変身することは間違いありません。

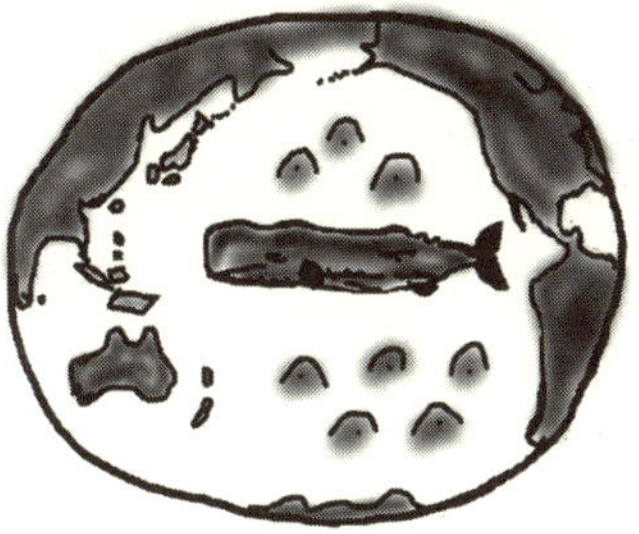

　ところで、実際に宇宙船で採用されている水再生システムは、尿などを蒸留し、ろ過、浄化する方式です。蒸留操作によって、毒性成分は大部分除かれるでしょうが、同時に、塩分や二酸化炭素もほとんど全て取り除かれてしまい、無味乾燥な味になってしまいそうです。宇宙船内で製造された再生水は化学分析の結果、「飲んでも健康に問題なし」と判断されました。しかし、飛行士にとっておいしい水であるには、さらに工夫が必要かもしれません。「青い地球」の上で、このように私は考えました。

（「青い地球」60号　二〇〇九年七月）

海の水はなぜ塩辛いのか

北の大地、北海道の四月中旬はまだ雪の世界でした。二〇〇五年に開催された第三回国際樹液サミットに出席するために、札幌から旭川を越え、さらに北方の美深《びふか》を訪れました。シラカバの樹液に関する科学的な研究成果や、その利用について討議する国際会議に出席したのです。早春のシラカバの梢は、まだ新芽を出していませんでした。深い雪に覆われたシラカバの幹から湧き出す樹液は、冷たく、新鮮なキュウリの匂いをほのかに感じさせる甘い味がしました。

サトウカエデの甘い樹液を加熱濃縮すると、メイプルシロップやメイプルシュガーが得られます。カナダ東部などでは、これらの製品が大量に生産されています。しかし、シラカバの樹液の甘味は、サトウカエデほどは強くないので、通常は加熱濃縮されることなく、そのまま飲料水として利用されています。

シラカバ樹液には、グルコースなどの糖分のほかに、リンゴ酸などの有機酸やミネラルと呼ばれる各種の塩分、アミノ酸類など多様な成分が含まれています。ここでは、特に、塩分について考えていくことにします。

塩分の水への溶解

まず、食塩が水に溶解する現象について詳しく見てみましょう。純粋な水は電気を通しにくいのですが、塩類が溶解した水溶液には電気が通じるようになります。食塩の主成分は塩化ナトリウムです。塩化ナトリウムはナトリウムイオンと塩化物イオン（塩素イオンとも言う）からできています。ナトリウムイオンはプラスの電気を持ち、塩化物イオンは、反対に、マイナスの電気を持っていますので、白い結晶固体中では、反対の電荷同士による強い引力が働いています。

しかし、水溶液中ではナトリウムイオンと塩化物イオンはバラバラになって存在します。そうなるためには水に塩が溶解するとき、結晶中で働いているプラス電荷とマイナス電荷の間に働く強い引力を切断する何らかの力が必要であることになります。結晶中で働く強い引力に打ち勝つための力は、どこから生まれてくるのでしょうか。その力は、実は、溶媒である水が生み出すのです。

ひとつの水分子に注目してみましょう。分子全体としては、電荷はゼロなのですが、ある部分はマイナス電荷を帯び、一方、別の部分はプラスの電荷を帯びているのです。ここで、一本の鉛筆を思い浮かべます。鉛筆には先が尖った部分と消しゴムが付いた部分の両端があります。先が尖った部分にマイナスの電荷がたまり、消しゴムの部分にプラスの電荷がたまっているとします。

水に食塩の結晶を入れると、結晶の表面にあるナトリウムイオンと水分子間に引力が働きます。なぜかと言うと、水分子のマイナス電荷を帯びた部分が、ナトリウムイオンの方向を向いて結合しょうとするからです。塩の内部や表面には、ナトリウムイオンと同時に、塩化物イオンも存在しています。この塩化物イオンに対しては、水分子のプラス電荷を持つ部分が近づいて結合します。このようにして、塩化ナトリウムの結晶は、水に溶解していくのです。

二〇〇年前に、イタリアのボルタが電池を発明しました。それまでは、蓄電器にたまった静電気が使われていましたが、ボルタ電池により、持続的な電気が得られるようになりました。このようにして、電磁気に関する物理学や電気分解などの化学が急速に発展していきました。たとえば、イギリス王立研究所で、マイケル・ファラデーは電気分解に関する重要な研究をしたのです。

純水は電気を通さないが、塩の水溶液は電気を通すことは、古くから知られていました。しかし、水溶液中で塩類により、電気が通じるようになることを説明するやり方は、現在とは全く異なるものでした。昔は、塩類のプラス電荷とマイナス電荷の間に働く強い引力は、水溶液中でも保持されていると考えられていたのです。当時の科学者にとって、対をなしているプラス電荷とマイナス電荷を持つ塩が、水溶液中でバラバラになり、ナトリウムイオンと塩化物イオンの別々に電離するとは、到底考えが及ばぬことだったのです。

因幡《いなば》のシロウサギの話を思い出してみましょう。向かいの隠岐島から本土側に渡るため、ワニ（サメ）をだましたウサギの話です。このとき一匹のサメの頭と尻尾の次に、二匹目の頭と尻尾、三匹目の頭と尻尾が順次つながっていきました。サメの背中を次々と飛び跳ねていくことで、ウサギは海水に浸かることなく、無事に陸まで渡ってくることもできたはずです。自分の本心をサメに悟られなければの条件付ですが。

昔は、塩を含む水溶液中では、塩のプラスとマイナスの電荷を持つ粒子はバラバラにはならず、一対になった（分子状の）ままで、水中に存在すると考えられていました。しかし、これでは塩が溶解していても、水溶液に電気は通じないように思えます。居間の水槽中で、頭部にプラス電荷を持ち、尻尾にはマイナス電荷を持った美しい熱帯魚が、自由に泳いでいるような状況です。ここで、塩溶液が入った水槽の両端に置かれた電極に電圧をかける（電池をつなぐ）と、水中でプラス電荷とマイナス電荷の対が、（サメと同じように）規則正しく一列に並ぶようになり、やっと電気が通じると考えられていたのです。

アレニウスの電離説の模式図

しかし、今から一三〇年前に、スウェーデンのアレニウスという化学者が、水溶液中の塩類や酸類はプラス電荷とマイナス電荷が対をなしているのではなく、電離してバラバラになり、陽イオンと陰イオンとして、別々に存在することを証明したのです。この考えは「電離説」と呼ばれ、現在では、誰でも知っていることになっています。この電離説は、「酸とは何であるか」を示す重要な根拠となっています。この研究成果により、一九〇三年アレニウスはノーベル賞を受賞しました。

アレニウスの電離説は、熱帯魚の腹の部分で、頭部と尻尾の二つに引き裂くような考えです。分離された（プラス電荷の）頭部は電極のマイナス方向へ、（マイナス電荷の）尻尾は電極のプラス側へとそれぞれ泳動して電気を伝えます。強い静電引力で仲良く結ばれていたものが、わけもなく水中で二分されるとのアレニウスの考えは、極めて独創的であり、当初は、「許し難い妄説である」とさえ見なされていたほどだったのです。アレニウス自身も、塩が電離する原因を根本的に解明することはできませんでした。塩の電離は、溶媒である水に起因することが知られるようになったのは後のことです。

海水中の化学成分

真水と異なり、海水は塩辛く感じます。なぜ、海水は今のように塩分の高い状態になったのでしょうか。中東のイスラエルにある死海は、海水の何倍も濃度が高く、比重が大きいので、人の体などに大きな浮力が働くことは良く知られています。死海の水面は海水面より低い場所に位置しており、流入する河川はありますが、湖水が流出する河川はありません。流入する河川水には塩分が含まれています。砂漠地帯の強い日差しで水が蒸発していき、湖水の塩分濃度が次第に高くなったとされています。海水も死海の場合と同様に、河川からもたらされる塩分の蓄積により、次第に塩分濃度が高くなったと、以前には考えられたこともありました。

しかし、現在では、海水の塩分濃度が高くなったことは次のように説明されます。地球は約四六億年前に生まれました。原始地球は大変な高温であり、地球表面を被っている大気は主に、高温高圧の水蒸気、高濃度の二酸化炭素、塩酸の蒸気からなっていました。やがて地球が冷えてくると、水蒸気は雨となって地表に降り注ぎ、海ができました。その海は、含まれている多量の塩酸により、非常に酸性の強い状態でした。人体の胃の中は、塩酸により強い酸性になっていますが、原始地球の海も同様だったのです。この強い酸性により、河川から流入する岩石粒子や、地殻表面の金属酸化物、塩基性の岩石が溶解していき酸が中和されながら、同時に各種の塩類が生成したのです。このように、酸が中和され、塩分が約三・五％である現在の海と同じようになったのは、今から三八億年前であると考えられています。この地球に初めて生命が誕生したのもこの頃のことです。

河川から流入してくる塩分の蓄積により、海水の塩分濃度が次第に高くなっていき、遠い将来には、死海と同じように塩分が高くなるのではないかとの不安が残ります。塩分濃度が高すぎると魚などの生き物は生きていけなくなるからです。しかし、河川などから流入し、過剰になった塩類は、各成分により異なりますが、時間が経つと海の底に沈降していきます。そして、海の底に沈降してたまった塩類は、地殻の移動または変動により、再び、大陸に戻っていきます。このようなことが絶えず繰り返されていると考えられています。

海水中の化学成分を詳しく分析すると、この地球上に存在する全ての元素が、海水中に溶存していることがわかります。海水は地殻の成分が溶解したものですから、道理にかなったことと言えます。しかし、その他に、この地球上には、もともと存在していなかった放射性の物質も検出されてきます。五〇年以上も前に、ビキニ環礁などで行われた核実験の痕跡が、海水に深く刻み込まれているのです。

二〇一〇年には、第四回国際樹液サミットが開催されます。私も再び、北海道の美深に来ているかも知れません。早春には、シラカバの木ばかりではなく、どの木々も新しい芽を育むために、根や幹に貯蔵したデンプン質の一部を糖分に変換し、梢の先々に送り込んでいるのでしょう。国際樹液サミットと同時期に開催される樹液祭りには、アイヌの人々も集まり、共に自然の恵みに感謝します。


（「青い地球」61号　二〇〇九年十二月）

ウォッカと最後に残ったマトリョーシカ人形

二〇〇九年十月、高知には珍しいロシアからの客人を向かえることになった。全く顔も名前も知らない方から、突然、電子メールを受けたのである。モスクワ大学のスベトラナ・パトサエバ博士が、千葉で開催される国際会議に出席する折に、高知まで脚を伸ばし、水とアルコールの混合について議論を交わしたいと希望していた。

後で落ち着いて考えてみると、私の極めて軽率な判断であった。研究者一人くらいの受入れならあまり費用も掛からないで済む。パトサエバ博士に、高知までの旅費は出せないが、滞在費はこちらで持つので、高知に来て学術講演をしてもらいたいと書き送った。しかし、東欧諸国の人名のアルファベット綴りにもっと注意を払うべきであったのだ。返書には、「私の夫も同行するが構わないか」とあった。私の軽率な思い込みとは裏腹に、パトサエバ博士は女性であった。女性の研究者が、夫と同伴で来るとなると、大学キャンパス内の安価な宿泊所の狭い個室に泊まってもらうわけにはいかない。急遽、街中のホテルを予約した。

「高知には日本一おいしい酒があると聞いた」とのことであったので、講演会の後、桂浜に近い酒蔵を案内した。夕刻、帰りの車の中で、パトサエバ博士は、あるウォッカ製造会社の顧問をしていることを話された。ロシア人が所有するそのウォッカの会社は、オーストリアのウィーンに生産工場を所有している。蒸留して得られたアルコールに水を混和するとき、その会社では、アルコールに酸を添加しておくのだそうである。こうすると、アルコールと水がよく混合するとのことであった。

その後、十一月になって私は中国の上海と南京方面を訪れた。これまでに高知大学で学んだ元留学生の同窓会ネットワークの立ち上げ式が上海市内のホテルで開催され、それに参加したのである。関西空港から上海空港に到着した日は、十一月中旬にしては、随分寒いと感じられた。前もって十分に準備されていた同窓会組織の立ち上げ行事は首尾よく終了したが、翌日の上海は、さらに寒さを増していた。前年の十二月に、上海を訪れたときは、それ程寒くなく、防寒用のコートを着る必要をほとんど感じなかったと記憶していた。しかし念のために、私は手軽なコートを持参したのであるが、中国の事情に詳しい同行者の中には、高知空港でコートを車中に残してきたり、防寒コートの内張をわざわざ取り外したりして来た方々もおられた。

二〇一〇年の上海万博を目前に控え、広大な上海駅では、幾つもの拡張や改良の工事が進められていた。降りしきる冷たい雨の中、その工事の間隙をぬって、南京方面行きの「新幹線」のホームにたどり着いた。私たち客人が乗り込んだ車両は特別仕様のようであり、車内は快適で、中国美人の係員がそのコンパートメントを出入りする乗客の世話をしていた。目の前には列車の速度や外気温を表示する電光掲示板が付いていた。十一月としては寒いはずで、出発の午前八時半の時点で8℃であった。列車が、ゆったりと流れる長江（揚子江）をさかのぼるように西に進んで行くと、外気温の表示は、次第に低くなってきた。7、6、5℃と、まるでロケット発射のカウントダウンのようであった。途中で、冷たい雨は本格的な雪に変わった。気温はさらに下がり続け、十一時ごろ雪中の南京駅に到着したときには、1℃になっていた。この時期に、南京で雪を見ることは大変珍しいと地元の人も言っていた。

何か不安めいた予感のようなものが、当たったのかも知れなかった。十二月に入って、モスクワ大学のパトサエバ先生から連絡が届いた。「二〇一〇年一月十八日頃、水とエタノールの混合物についてのセミナーを開催したいのだが、この日程でよいだろうか」と文言の隅々にまで気を配った招待状であった。しかし、一月中旬はモスクワでも最も寒い時期であり、マイナス20℃程度の寒さが予想される。三十年近く前にカナダ・カルガリーでその程度の寒さを二シーズンも体験したことはあったが、それにしても、この真冬にセミナーを開催するとは、何事だろうといぶかった。

ちょうどその頃のことである。拙宅の庭先には、二十年近く前に植えたレモンの樹がある。この界隈を地中海沿岸とでも間違えたのか、例年のように黄色く色づいたレモンが、枝もたわわに実っていた。そのレモンの樹の直ぐ東隣には、小さな藤棚がある。レモンの小枝と藤の小枝の間に、秋頃から女郎グモが巣を張っていた。注意して見ていると、古くなった巣を一部利用しながらも、少しずつ北側から南方向に、巣を移動させていたことに気がついた。しかし、それは、ほとんどレモンと藤棚の南限になっていた。あるとき、一匹の蚊が飛んできて、クモの巣に掛かり、そのわずかな振動をクモが捉えたかのように思われた。しかし、その瞬間に、蚊は逆方向に飛び逃げて、クモのエサにはならなかった。クモの巣の粘着力が弱くなっているのだろうか。それとも蚊の身のこなしが素早かった為であろうか。エサになる昆虫類は、いつ頃まで飛んで来るのだろうか。クモは冬の寒さに、いつまで耐えられるのであろうか。様々な疑問が湧き、それは私自身への心配と重なっていった。

年も明け、一月十六日午後、成田空港からモスクワに向け、アエロフロートの航空機に乗った。日本航空のモスクワ便は週に三便ほどしかなく、やむなく、アエロフロートを選んだ。「パイロットの腕だけはよいが、いつ落ちてもおかしくない」とか、「機体には目に見えないような小さい穴が幾つもあいていて外気が進入してくる」などといったあらゆる悪評が飛び交う航空機である。

一月十四日の朝は、高知市で今期最低のマイナス3℃以下にまで冷え込んだことが高知新聞の夕刊に載っていたが、その日も、その翌日も、庭のクモは健在であった。十六日（土曜日）早朝に高知空港を出て、現地時間で夕刻五時半頃、モスクワ・シェレメチェヴォ国際空港に到着した。六時間の時差であるから日本時間では、すでに夜の十一時半である。パトサエバ先生の夫君のオレグが空港まで迎えに来てくれていた。

パトサエバ先生とオレグ、子息のマテビーは、モスクワ市街地と空港の中間点にある便利な場所に住んでいた。そこは「宇宙村」なのか、ロシアの宇宙開発に関係する研究者や技術者などとその家族が、低層のアパート群で豊かに暮していた。スベトラナ・パトサエバ先生のご尊父、パトサエブ氏はロシアでは有名な宇宙飛行士で、旧ソ連時代に世界で初めて宇宙に行くことになるはずであったが、不運にして、事故で亡くなり、現在クレムリンに安置されている。なお、日本でもよく知られている宇宙飛行士ガガーリンは、地球の大気圏外には出ていないとの説明であった。

旧ソ連時代の宇宙飛行士
パトサエブ氏の肖像画

その夜のパーティーには、ウォッカ製造会社「オーバル」の所有者であるアンドレと、映像関係者でイギリスから来たアブスも招待されていた。私が驚いたことに、食卓には、新鮮なトマトやキュウリがふんだんに並べられていた。極寒のモスクワでは、新鮮な野菜類は入手し難く、「うちの家内は、ビタミンCの錠剤を持って行ったほうが良いと私に勧めた」と言うと、「確かに昔はそうであったが、現在では、温室もあるし、南方の国々から輸入することもできる」と説明された。新式のウォッカの乾杯で始まり、従来型のウォッカを飲み続けた。途中では、極寒の戸外で

雪に覆われたメンデレーエフ像
（モスクワ大学化学教室前）
2010 年 1 月 18 日撮影

夜のバーベキューを楽しんだ。夜中の二時半（日本時間では十七日朝八時半）を過ぎても騒ぎは続いていたが、アンドレの会社のお抱え運転手ユーリが、私をホテル「プロトン」まで送ってくれた。アンドレはいわゆるコングロマリット（複合企業体）の経営者・所有者であり、石油・ガス事業、不動産事業、その他諸々の会社を傘下に収め、ウォッカ製造会社は、単なる彼の趣味でしかないと言う人もいた。

モスクワ大学は、スターリン・ゴシック様式と呼ばれる優雅な建物を本館としたロシアを代表する大学であった。ロシアの化学者メンデレーエフは、元素の周期表で有名であるが、一八六五年一月に「水とアルコールの混合について」と題する博士学位論文を提出した。それから、一四五年経た二〇一〇年一月に、メンデレーエフ一四五周年と銘打った学術セミナーが開催され、それに招待されて研究成果を発表できたことは、なんとも晴れがましいことであった。

水やアルコールは日常生活にも身近な物質である。メンデレーエフに限らず古くから研究されてきた水とアルコールの混合の問題は、現在でもなお大きな議論の的になっている。固体ではなく、液体状態の水やアルコールは「構造性」を持っている。まず、この不思議な概念を、一般読者は把握できるだろうか。入り口からして難問である。さらには、状態に関する現象が複雑であり、最新の科学・技術を持ってしても、解明し難いように見えがちである。

水—アルコール混合の問題でなくても、一般論として、純正の科学者でさえ、議論の一部に何か自分の手におえないような矛盾点があれば、それを合理化するために、やむを得ず安全地帯に退避することがありえる。安全な退避場所が、無意識にも、ホメオパシーという呪術的な治療法などとも関連した概念であることは決して稀ではない。

ホメオパシーとは、水やアルコールで薬草から抽出した成分を、水で二倍、四倍、八倍と希釈していき、それを、二十回、三十回と繰り返していくと、元々存在した薬効のある成分が、薄まっていき、ほとんど零に近いと思われるような液体ができる。そのような希釈を繰り返した液体にこそ、高い治験効果があるとする治療法である。それ程にまで希薄な液体に治験効果が認められる（と主張される）のは、「物質を溶解していた水が、その状態を記憶しているからである」との信念が基礎になっている。当然のことながらほとんどの科学者は、ホメオパシーによる治験効果が非科学的であることを明確に認識している。

科学的な実験結果を解釈する理論や考え方には、一般性があり、関連するその他の現象に対しても、矛盾なく適用できるものでなくてはならない。しかし、それが不十分と意識されるときには、怪しげなホメオパシー概念とは言わないまでも、何かの適当なシェルター内に一時的に避難して、議論の矛盾点を突く「大嵐」が通り過ぎるのを待つことがあり得るのである。自然科学研究の最前線、すなわち、既知なるものと未知なるものの境界線上では、このような操作が自然に行われていると私には思える。

二十一世紀の初頭すなわち二〇〇一年から、私は「水とアルコールの混合」に関する研究、平たく言えば、「酒類の熟成現象」の解明に関する研究を本格的に開始した。地元の日本酒製造会社との共同研究として始まったものであった。それからわずか数年間で、酒類中の水とアルコールの混合に関する一般的な原理を発見する幸運に恵まれたのである。

発見されたものは、次のように単純すぎるほど単純な原理である。「(一) 酸やポリフェノールの共存によって、水とアルコールの微視的な(分子レベルの) 混合が促進される。(二) そのような微視的混合によってアルコール刺激が低減する」であり、要するに、酒の熟成感を得るには、溶存する酸が欠かせないとの結論である。

この結論は、一般原理として、あらゆる種類の酒に共通する熟成機構の基礎となり、醸造酒や蒸留酒、カクテル類の熟成感の達成(アルコール刺激の低減)に適用できる。例えば、先述の新式ウォッカの製法において、アルコールに酸を添加すると、水とアルコールがよく混合するとされた。このように経験的には、(または無意識のうちに) すでに確立している微視的混合または熟成達成の手法が、私共の研究結果により、科学的に明白化されたと言えるのである。

新式ウォッカはアルコール刺激が弱く、マイルドに感じるため人気もあるが、その一方で、刺激が弱いことを非難する酒愛好家もいる。この製法をどのようにして思いついたのか、直接アンドレに聞いてみると、「元々は、ロシアの物理学者のアイデアである」との返答であった。残念ながら、ロシア圏内における新式ウォッカの評判は、今のところ、それ程高くないようである。アメリカでは、スミノフの呼ばれる銘柄のウォッカが最も大きな市場を占めている。アメリカでは、ウォッカにクエン酸を加えることが法律で認められているため、多くの銘柄のウォッカにクエン酸と糖が加えられている。ところが、酸の添加は、カナダでは認められていない。日本では、焼酎にクエン酸を添加することが認められている。

モスクワの市街はクレムリンを中心にして広がっていた。私は、ロシア土産としてパトサエバ先生のご家族からいただいたウォッカやクレムリン博物館で買い求めたイースター・エッグのほかに、多数のマトリョーシカ人形を日本に持ち帰った。何段もの入れ子になったマトリョーシカ人形の大きさは様々で、描かれた衣装や顔の表情も多様である。土産の人形は、次々ともらい手に恵まれ、残りの数を急激に減らしていった。しかし、ただ一つだけが、最後まで人手に渡ること無く、手元に残っ

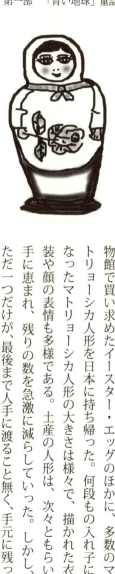

た。最もロシア人形らしく見え、愛らしいはずのそのマトリョーシカには、もらい手がつかない。
学術セミナー開催の前日、日曜日の晩、マイナス20℃の「赤の広場」で、二人だけの結婚式をしていたカップルを見つけた。真っ白に正装した花嫁は、花婿に強く抱擁されない限り、両肩が剥き出しになってしまう。私は慌てて駆け寄り、写真撮影の了解を取り付ける間もなく、カメラを向けた。ファインダー中の花嫁の笑顔は、写真の現像と同じ強さの化学作用で、私の脳裏に焼き付いた。

二人だけの結婚式
（マイナス20℃の「赤の広場」）
2010年1月撮影

自宅の居間には、ぽつんとマトリョーシカ人形が残っている。この人形を見るたびに、この夜の赤の広場とパトサエバ先生の公私にわたる暖かい心遣いが思い起こされる。もし誰かに、これまで訪れたことのある都市のうちで、もっとも印象的であったのは何処かと問われたら、思わず、モスクワとつぶやく。このような情景が夢の中のように何度も浮かんでくる。

（「青い地球」62号　二〇一〇年五月）

香辛料ともう一人の娘

二〇一〇年六月十三日の夕刻、インド・ムンバイ（ボンベイ）空港から、南インドのカルナタカ州フブリ空港に到着した。前日の早朝、高知の自宅を出発したときには、上着を着込んでいたが、乗り継ぎのため一泊したムンバイでも上着はそのまま取らずに、フブリ行きの飛行機に乗り込んでいた。フブリ空港の滑走路に降り立ったとき、辺りにはかなり強い風が吹いており、意外にも涼しく、肌寒むくも感じられるほどであった。旧知のスーディー・ラオ教授が迎えに来てくれていた。彼は地元のダワード市にあるＳＤＭ工科大学の学長になっていた。フブリとダワードは隣接したツイン都市で、デカン高原上の標高七、八百メートルに位置すると聞いた。例年よりも雨季入りが遅れたが、ちょうど雨季が始まったところであった。

私が初めてインド社会に接したのは、三十年近く前に遡る。カナダ・カルガリー大学の化学教室で、博士研究員として従事したときである。同じ研究室に、インド人のスーディー・ラオ博士がおり、彼のアパートに招待されることになった。インド料理といえば、カレーライスが思い出される。しかし、そこに並んだ食べ物は、日本のカレーとは似ても似つかぬものであった。見か

Sudhee Rao 博士の歓送会
（カナダ・カルガリーのインド料理店）
1983 年 3 月撮影

けは、むしろ中華料理のチャーハンまたはドライカレー状であり、味は香辛料の辛さを別にすると、実に淡白そのものであった。

スーディーの家族は、厳格な菜食主義を遵守していたが、海外においてもその菜食主義を貫いていた。動物性の食品は牛乳やバター、チーズ類に限られ、その他の動物性食材は卵や魚を含めて一切使われていなかった。また、昆布だしから出るようなアミノ酸類の旨味も全くなかった。私は用意されたスプーンを使って食事をしたが、インドの家族は手の指だけを使っていた。奥さんのパドマジャと二人の幼い娘がいた。三、四歳ぐらいの長女のパリジャタ（パリ）はドイツ生まれであり、カナダ生まれの次女のスプラブハタ（スタ）はまだ赤ん坊に過ぎなかった。

ここでインドの家庭教育の徹底ぶりを体験することになるとは思いもかけなかった。「パリ、お前は十分に大きくなったのだから、スプーンを使うのは止めにして、手を使って食べなさい」

と父親から指示が出された。幼いパリジャタは私と同じように、スプーンを使って食事をしていたのである。

ＳＤＭ工科大学のキャンパス内には学生寮が建ち並んでいるが、学長以外の教員は、学外に居住している。学長宿舎の庭は広大で、バラ園も設けられており、スーディー・ラオ学長は自分で手入れをしたとも言っていた。周りには様々の種類のマンゴー、多数のココナツ椰子の木も植えられていた。長女パリの結婚式の始まる前々日であったが、スーディーと妻パドマジャの親戚一同二十人近くが寝泊りしていた。久しぶりに、二人の娘パリとスタにも会えて、話をすることができた。

バッテリー公園近くから見える「自由の女神」
1988 年 7 月撮影

妹のスタはインドの大学を卒業して、情報関連の職を得たと聞いていたが、今は、ニューヨークのブルックリン地区に住み、マンハッタンで働いている。金融のウォール街から二ブロック離れた所にオフィスビルがあると言う。私は念のために、「オフィスの窓からは、自由の女神が見えるか」と聞くと、「公園まで行くと、女神は見える」と応じた。今度は、「ティファニーには行ったか」と尋ねると、本人ではなく、姉のパリから誇らしげに日本語で、答えが戻ってきた。「ウインドーショッピングだけね」と。

パリは、高知に四年間滞在し、決して医者ではないのだが、医学博士の学位を得た。その間、私はパリの父親代わりを努めたのであった。（我が）娘の日本語の上達は目を見張るものがあり、明瞭な発音を含め、全くのぺらぺらになった。本人は日本での就職を考えたほどであったが、本国に呼び戻され、この三年間は、アメリカなどにも渡っていて、今年になってインドに落ち着いた。

南インドの結婚式は、五日とも九日とも続くと言われていたが、近年簡素化されてきており、三日間にわたり行われた。初日は、自宅での儀式に始まり、結婚式場に移り、親族同士の絆を固める儀式をする。会場は、フブリの町の結婚式などを行う大きな施設で、遠方から集まる親類縁者のための宿泊施設を兼ねていた。その日は、早朝からビスベスバラヤ工業大学というカルナタカ州の全ての工科系大学を統合する大学に出向いたので、私は夕刻から、結婚の行事に加わった。舞台の上に目をやると、タイの僧侶のような袈裟をまとったヒンズー教の坊さんが新郎、新婦とその両親に対し、盛んに説教をしているように見えた。椅子に座った私たちは、その様子を眺めていた。その日の儀式が終わり夕食会となった。

親戚や親しい友人だけが集まった夕食会であったが、それでも二百人近くが集まっていたと思われる。延々と長く続くテーブルには、一人一人に食器またはプレート用としてバナナの葉が置かれていた。バナナの葉は神聖の象徴であると言う。私も人に勧められて、適当な位置に席を取った。上半身が裸で、素足の男たちが二人組みになり、バケツ状の金属性容器に入った食べ物を、次から次へと配ってくるのである。食べ物はと言うと、まず、様々な野菜類で作られたスパイシーな固形または半液状の「カレー」が五、六種類、バナナの葉の上に順に盛られ、それから、小麦粉を薄く焼いたチャパティや炊飯したインディカ米が手前側に配られてきた。何か開始の合図でもあるだろうと待っていたが、各自が自然に食べ始めたので私も従うことにした。

私の右隣には、民族衣装サリーで着飾った妹のスタが座っており、食事の指南役になった。食事には右手だけを使うこと、指の先を使い、掌には食べ物がつかないように気をつけることであった。スタは、ニューヨークでも菜食であるが、ブルックリン地区にはインド人も多く住んでおり、食材には困らないと言っていた。

周りの人の服装は、男性はほとんど半袖の軽装であり、女性はサリーをまとっていた。新郎スレッシュの友人で、タイのバンコクから駆けつけたばかりのニックを除いては、ただ一人、上着を着ていた私の右手の袖が、食べ物に触れて汚れることだけが気になっていた。私は食べ物に触れていない自由な左手を使い、右手の袖を一回折り返した。「実は、今日はちょっといい服を着ているんだ。どこかに表示していないかな」といいながら、上着のボタンを外し、左側を開けてスタに見せた。「お金持ちだということを、見せつけるために来たのね」という全く予期しない言葉がスタの口からもれた。「それは違うんだ、ス、スタ。この上着を着込んだのは、実に、今日が初めてなのだ（この結婚式のために…）」

私はスタに、一つだけ断わりを入れた。「一昨日、二人に渡したペンダントのことなのだが、スタのは、お姉ちゃんのパリのものより少しだけ小さく見えるかも知れない。しかし、値段的にはほとんど変らないものだから、気を悪くしないでくれ」と言い終わらないうちに、花嫁のパリがすぐ近まで来ていた。パリは日本語を交えながら、本当に愛想よく、料理やその他、こまごまとしたことにまで気を配ってくれた。

結婚式の二日目は、朝八時前から儀式に参加した。民族衣装に正装した新郎と新婦は、いまだに、それぞれの両親や家族と共に座っており、両家族は、大きな赤色の布で隔てられている。ヒンズー教の坊さんの説教が続く中で、布が外されて、両家の対面となった。ココナツ椰子の実に、二人で仲良く水を掛けたり、木切れに火をつけて煙を出したりするなどの儀式が続いた。パリの父親はこの街の大学の学長ではあるが、ごく平凡な花嫁の父親としての役目を果たし、上半身は裸で素足になり、緋色の大きなタオル状のものを首から下げていた。

この日は、近隣の名士ばかりか、遠方からも多くの友人、知人が来ていた。舞台の上って写真を撮っていた私に、突然、日本語で「ホウジョー先生」との声が聞こえた。インド工科大学マドラス校の物理学の教授であった。以前に奈良で開催された国際会議に来日した際に、高知大学で講演をしていただいたことが思い起こされた。私がここに来ると聞いて、遠方のチェンナイ（マドラス）からわざわざ来たと表明された。日本からは、私以外に、高知で知り合ったパリの友人と、ドイツ時代のスーディーの旧友の娘さんがお祝いに来ていた。その日の午後は、カルナタカ大学を訪問する業務を果たし、夕刻のレセプションに出席した。

夜遅くホテルへ帰る車の中で、前日タイから駆けつけていたニックと親しく話をすることができた。新郎スレッシュとは、年齢は少し異なるが、タイの大学で共に経営学の修士号を取得し、タイで不動産などの事業を展開しているとのことである。一方、スレッシュはカルナタカ州の古都マイソールの大学で教員としての職を得た。ニックは、スレッシュが「誠実な人物」であることを、私にも保証してくれた。それを聞いて、パリの「日本の父親」である私が、改めて安堵したことは言うまでない。

翌日の儀式のあと、別れの挨拶で、私の腕の中に飛び込んできたパリに心から「本当に良かったね」と言葉を掛けることができた。しかし、スタに挨拶することを忘れかけていた。舞台に引き返し、スタに別れを告げると、スタが何か口にしたが、何と言ったのか良く分らなかった。もう一度スタは言った。「抱きしめてもらっていいですか」と。スタは私にとって、もう一人の娘であった。

（「青い地球」63号　二〇一〇年九月）

藤棚の下のバーベキュー

突然、酒の酔いがまわってきたのだろうか。ビールを飲んだ後に、普段よりは多少速いペースで赤ワインを飲んでいるとの意識はあった。次第に気分が悪くなり、二階のトイレに駆け込み、ベッドに倒れ込んだことは憶えているが、その前後関係などは釈然としない。後で、妻から聞いた話では、三人の若い客人たちに対し、返答し難い質問を浴びせ始めた直後のことであったという。再び、ベッドに戻ろうとしても、私の身体からは立ち上る生気が全く抜け落ちており、まるで夏のセミの抜け殻であった。妻の「すぐに救急車を呼ぶ」という強い声が響いた。もうしばらく待って様子をみて欲しいと、私は願ったが、叶えられることはなかった。

その日は、十月十一日、月曜日だが体育の日で休日であった。中国から来高したばかりの留学生三人を拙宅に招待し、バーベキューをすることにしていた。長かった猛暑の夏も終わり、秋風が立ち、日中でも戸外で快適に過ごせるようになってきていた。昼前になってから、準備に取り掛かった。カーポートから車を移動させ、そこにテーブルと椅子を置いた。

その日は、前日とは打って変わり気温が上昇したようであった。半透明プラスチックの覆いの下に並べた椅子に腰かけてみると日差しがきつく、かなり暑く感じられた。そこで、日陰がはっきりできている小さな藤棚の下にテーブルを移すことを思いついたのだが、その場所に、若い女子学生たちを迎えるためには、多少の手入れが必要と思われた。これまで長年にわたり、幾度となくバーベキューをしてきが、藤棚の下を利用したことは一度もなかった。そこには雑草が無造作に生えていたので、まだ時間もあることだし、草取りをしておくことにした。

初めての客人を自宅に迎えるとき、これまで私が必ず行ってきたことは、「庭の造形」について講話することであった。庭師による立派な隣家の庭と異なり、我が庭は、費用を掛けているわけでもなければ、意識して造ったわけでもない。まさに「自然庭」である。とはいえ、あるとき、ふと気がついてみると、庭の四方の各隅に、石がうまい具合に配置されていた。第一の隅は、洗車用水道の蛇口に近い一群の石である。高く聳える風情の石と、すぐ傍らには砂を入れた一画があり、その砂地には平らな石の下部が埋め込まれている。「この高い山（石）は空を表現し、砂は広い海を、平らな石は大地を表す。空は天であり、天と地、すなわち地球である」。

カーポートの縁にそって、南側に下ると、第二の隅の石があり、「これは、地の果てを表し、天と地と、地の果てで、全宇宙を表す」。今度は、東側に回ると、門柱の陰に緑色の苔の生えた石があり、「苔から何が想像できるか。それは古《いにしえ》の過去である」。すると次は何か。「未来の石である。このように天上天下《てんげ》、全宇宙の過去と未来が、これら四隅の石で表現されている」などと、初めて訪れてきた若僧たちを煙に巻きながら、一休禅師の如く悦に入っていたりした。ともあれ、今日の客人は、日本語修業中の留学生たちである。小難しい講釈は後日に残しておくことにして、丁寧に草取りすることに専念した。

数ヶ月前、中国江蘇省常州大学の日本語学科の学生たち数十名を前に、日本の大学について解説した。その中には、特に、日本に留学を強く希望する学生たちも多数含まれていた。常州大学はもともと江蘇工業学院と称し、石油工学系の単科大学であったのだが、教育研究の組織およびキャンパスの拡充を積極的に押し進めていった結果、ついに総合大学としての名称に改められた。

その祝賀行事が開催され、大学間交流など姉妹提携を結んでいる各国の大学の代表者などが招待されていた。この機会を捉えて、私は、日本への留学生の選抜試験実施を依頼されたのである。日本語による筆記試験と口頭試問を経て、交換留学生三名が選抜された。留学生活のリーダー格として、または用心棒として男子学生が一名入るのも良かろうと思案してみた。たとえ五歳の男の子でも、立派な魔除けにはなるものである。しかし、日本語能力試験の成績との総合点で、結局は、女子学生だけが合格した。

鮭

「この魚は何という名前ですか」との質問を受けた。秋鮭の切り身に薄塩をして、炭火で焼いたものであった。「サケと言って、北海道や東北地方など北の方で取れるのだが、中国ではどうかな。漢字では、魚偏に土を二つ書く」との私の回答に対して、三人の反応は思いのほか弱かった。

その日は何かと不思議な日であった。ウチには、今年で十四歳になったネコがいる。すでにネコの天寿を全うしても良いと思われる年齢なのだが、すこぶる元気で、時折、子ネコと変わらない表情を見せることがある。普段はバーベキューのテーブル上にまで乗りだして来て、焼き魚を欲しがるくせに、客人が一人でも来たと察するや、（おびえて？）二階に駆け上がり息を潜めるのである。しかし、その日は、二階に逃げ隠れることもせず、また、魚を欲しがる素振りさえ見せず、そのあたりに品良く寝そべっていた。庭には、熱帯産と思われる「ゴーヤのような」サヤ豆ができていたので、その場で収穫して炭火であぶり、一つずつ配って食べた。

救急車が家に近づく音が聞こえた。いつの間にかすっかり暗くなっていた。私は病院に運ばれ、ベッドの上で点滴を受けた。これまで病院に入院したりした経験がないことを自慢にまで思っていた私には、このような事態があまりにも情けなく、重くのしかかってきた。昼の三時ごろから、ビールを1リットルとワインをボトル半分程度飲んだぐらいで、これほどまでに酔ってしまうことは有り得ない。

前日は少し睡眠不足であったことは確かである。日中に草取りをしていた後で、少し身体がしんどいと感じた。近頃は減塩料理が多かったせいで、塩分不足でもきたしていたのだろうか。あるいは、いつもとは違い、バーベキューコンロを身近に置き過ぎて、気がつかないうちに熱線でも浴びたのだろうか。

至極無念で悔しい思いをしながら点滴を受けている私の耳に、思いがけない看護師の声が聞こえてきた。「もう、いい年ですからね」と。しかし、救急車で運ばれたことを心配してくれたご近所の方々には、「熱中症であった」と妻が釈明したとのことである。

私の不用意が元になり、若い客人には、とんでもない不意打ちを食らわせることになってしまった。その大学からは初めて、日本に派遣されてきた大切な日本語留学生たちである。渡航時の上海空港には、両親など家族がこぞって見送りに来てくれたという。しかし、来日早々に起こったこのようなたわいもない「突発事件」に、動じるといったことはないであろう。彼女たち全員が高い志操を持ち続けながら勉学に励み、日本語に習熟し、日本文化にも深く慣れ親しむことができる一年間になることを願って止まない。

（「青い地球」64号二〇一〇年十二月）

私の翻訳事始め

高知ではよく知られた話である。足摺岬に近い中浜出身の万次郎は十四歳のとき、はえ縄漁船で宇佐の浦を出たが、その漁船は大嵐で難破した。西風に吹き流され、八丈島や青ヶ島からさらに南方に位置する小笠原諸島の火山島、鳥島に漂着し、そこで大型の海鳥アホウドリを食べ、命を繋いだ。そうしているうち、鳥島沿岸で海亀漁をしようとしていた米国の捕鯨船に救出された。万次郎は船長ウイットフィールドに米国東海岸フェアヘブンまで伴われて行き、そこで高い教育を受け、優れた捕鯨船の船員となった。そして、土佐を離れて十年を経て、ジョン・マンとして何とか鎖国下の日本に帰国を果たし、日本の開国期に力を尽くした。高知県立民俗資料館には、かの地の文字とその読み方を書き留めたものが、「掛け軸」となって保存されている。

私がその「掛け軸」を初めて目にしたのは、今から三十年も前のことであるが、その頃は、高知城本丸の壊徳館に展示されていた。毛筆でアルファベットが書かれ、その傍らには振り仮名としてエイ、ヒイ、シイ、リイと記されていた。現代の日本人が発音するA、B、C、Dとは、異なる仮名表記である。特に、D（ディー）に当てた表記（リイ）には、一瞬、不信の念まで抱いたと記憶しているが、それが、耳で聞いた音として、最も適当な「当て字」であったのだろう。逆の立場からすると、日本語の「ラ」の発音は、西洋人には、「ダ」と聞こえることもあるようである。

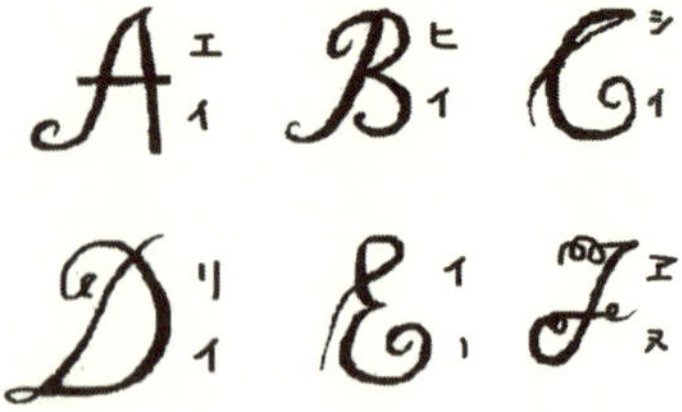

二〇〇八年にスペインの古都、サンティアゴ・デ・コンポステラを訪れたとき、この点に関連して、無念な思いをしたことを憶えている。ユネスコの世界遺産にもなっている有名な大聖堂の近くで開催される懇親会場へと急いでいた。ホテルの係員がその会場を案内してくれたのだが、私が日本人だと知ると、「お前は本当に日本人なのか。もし本当の日本人なら、なぜ、オダーと言わないのか？　オダーと言え」と真顔でけしかけてきた。私には何のことだかさっぱり分らなかったので、なぜ、オダーと言わねばならないのか英語で問うてみた。その係員は、日本人なら誰でも、スペイン語の簡単な挨拶「オラー」を「オダー」と言うはずであると理解している様子であったので、私は少し意固地になって、日本語で「織田、織田」と言い返してやった。

日本語の音韻は西洋の言語とは異なっているので、英語などを学習するとき、耳慣れない音韻に戸惑うものである。たとえば、アルファベットの「エル」の発音は日本人には難しい。日本語の中だけに慣れ親しんでいると、正確に発音することはできず、訓練を重ねても簡単に修得または矯正できるものではない。多くの人は日本語の「る」に準じて、「エル」と「アール」を発音しているのが実情であり、私自身もその一人であった。しかし、私の場合には幸い、比較的長期にわたり北米に滞在する間に、親切にも、私の「エル」の発音を矯正してくれる知人に恵まれた。そのとき以来、舌先を歯茎に当てる「エル」を全く意識する必要はなくなったのである。

私が初めて英文の本を翻訳し出版したのは、二〇〇三年のことであった。今から思えば随分思い切ったことをしたものだと、自分に感心したり、逆に、自省もしたりしている。その昔、郷里の高等学校時代には、英語を懸命に勉強した憶えがある。その目的はもっぱら、大学受験のためであり、その他のことを考える余裕はほとんどなかったが、受験のために英語を勉強しているうちに、言語そのものにも関心を持つようになってきた。もし、私の記憶力が写真機的に優れたものであれば、そのような関心を抱くチャンスはむしろ少なかっただろうが、「幸運」にも、そのような優れた才能には恵まれていなかった。言語の成り立ちや背景などに関心を持つことは、記憶を助けるための手段としても作用していた。当時、英語の恩師に叩き込まれ、また自らも夢中で読み込んだ本格的な英文法の参考書は、今では開いて見ることは少なくなったが、大事に保管している。

大学の教養部時代の英語やドイツ語の学習は、費やされた時間数ほどの成果が上がったとは到底思われない。授業内容は、教養部の教官の専門または興味が第一で、そのように教材が選択されていた。イギリスの詩人などの詩を、意味不明のまま日本語に置き換える作業をしたこともあった。しかし、そのような過程で、英語圏の人々の思考方法が理解できるきっかけを得たのかも知れない。彼らは、物事を極めて具体的に言及または記述する習性を持ち合わせているのだろうか。散文に限らず詩の中でさえ、野山の木々や草花、さえずる小鳥についてまで、逐一その固有種名で呼ばないと気が済まないようである。単に、小鳥と表現すればよいと思われるのに、ツグミ、ミソサザエ、……と韻を踏みながら綴られていた。

その後、化学に専念するようになり、研究遂行のため、主として英文で書かれた論文を読むようになった。以来、幾百、幾千の研究論文を読み、目を通してきた。また、自分でも英文による研究論文を百編ほどまとめ、内外の研究機関を通して公表してきた。初期の頃には、まず日本語で内容を記述しておき、それを英語に移す作業をしていたが、後には、内容を英語で思考しながら、直接英文で論文が書けるようになった。しかし、専門用語を除いては、英語の語彙の貧弱さからは逃れることはできず、英文の不完全さを主な理由にされて、論文の掲載許諾を得ることができない悔しさを幾度となく経験した。

学術論文では、自然科学分野であろうが、他の分野であろうが、あいまいな表現方法は厳禁である。その分野で、ある程度の訓練を受けた者なら、誰が読んでも意味を取り違えることがないように、論文の全編にわたり注意深い配慮が必要である。内容は徹頭徹尾、客観的な判断に基づくことが求められる。従って、学術論文は無味乾燥で味気ないものであり、かつ難解であるのは、いわば、当然であるとされている。しかし、論文が初学者にも読み易く、少しでも楽しんで読め

「第二の故郷—豪州に渡った日本人先駆者たちの物語」（創風社出版 2003 年）の原作者、ノリーン・ジョーンズと共訳者たち
（愛知万博オーストラリア館前）2005 年 8 月

るものであるとしたら、その方が断然良いはずだとの「思い」を、若い頃の苦しい体験を通し、私は抱き続けている。その「思い」を、自身の個々の論文についてどれだけ具現できているか検証したわけではないが、私の論文には英語の難しい語彙や表現法がそれ程多くは含まれていないので、その分だけ、非英語圏、特に、日本の学生たちには読み易くなっているのは確かであろう。

二〇〇三年に初めて翻訳出版した「第二の故郷—豪州に渡った日本人先駆者たちの物語」は、他に二名の共訳者の協力を得たものであった。二〇〇一年に、西オーストラリアに在住する知り合いの方から、一冊の本が送られてきた。戦前にオーストラリアに渡り、何とか様々な職業に就いたが幾多の苦難を経験し、太平洋戦争の開戦と同時に、捕虜収容所に収容され、終戦後に送還された日本人たちの記録が綴られていた。日本および日本人に対する著者の心遣いが伝わってきたので、また、それ程厚い本でもないので、翻訳出版に思い至ったのである。何か熱にでもうなされていたのかも知れない。ともあれ、二〇〇三年十一月には上梓にこぎつけ、原作者もオーストラリアから来日して、出版祝賀会で歓談した。その後二〇〇五年八月、愛知万博のオーストラリア館で開催された西豪州首相主催の午餐会に招待される栄誉にも与かった。自慢話ではないのだが、当該訳書は、移民問題や国際関係の専門家の間でも少しは人気があるようで、ある大学の研究論文に引用されているのを見つけたことがある。

昨年十二月初旬には、シドニー工科大学で国際関係学を専攻する大学院生クリスティン・パイパーの訪問を受けた。彼女は、大阪で日本語の研修を受けていたが、私のことを大学の専門家に紹介され、帰国直前になって高知を訪れることになったのだと言う。博士論文の研究テーマは、オーストラリアで真珠採取に従事し、戦時中に抑留された日本人に関するものであるとのことであり、私の持つ幾つかの関係資料を手渡した。実は、十二月は両者の日程の折り合いが悪く、今回の会合は、半ば断念しかけていたのであるが、それでももと私が無理に誘った面もあった。

彼女は年内に帰国し、二〇一一年には再来日の予定であるというが、一度チャンスを逃してしまうと、二度と巡ってこないことを危惧したのである。十一月末にクリスティンから、初めて届いた電子メールの文面は、丁寧な日本語で書かれており、しかも、全く誤りや不自然な表現が含まれていなかった。その後のやり取りでも同様であり、これほどまでに日本語が上達しているのはなぜなのか、また、どのような人物なのか知りたくなったのは確かである。会ってみて、私の謎はすぐに氷解した。彼女の母親は日本人であり、メールの文面は、あらかじめシドニーの母親に、添削を受けていたとのことである。面談予定の前日、日曜日の夜十時を過ぎてから、高知駅に到着したと電話で連絡してきたが、月曜日の午前中に面会し、夕刻には、あわただしく高知空港から飛行機で大阪に帰って行った。せっかく高知まで来てもらったので、月曜日の午後、（私は所用で時間が割けなかったが、）何とか知人に頼み込み、桂浜の坂本龍馬像などの観光案内をしてもらった。

今年一月五日に、原稿用紙に換算すると四五〇枚ほどにもなる翻訳原稿を出版社に送付した。私としては二冊目の翻訳出版となる「エゾ地に上陸した豪州捕鯨船」の原稿である。原作は「第二の故郷」と同じ著者の手によるものであり、日本では江戸時代後期にあたる一八三〇年に、シドニーから出港した捕鯨船レディロウエナ号の二年間にわたる捕鯨と探検の航海記録を一冊の分厚い本にまとめたものである。この本の執筆準備が進んでいることは、二〇〇三年に著者に会ったときから聞き知っていた。東部ニューギニアなど南太平洋の島々の原住民との食料品交易、北海道キリタップへの上陸と小規模な戦闘の勃発、流刑地八丈島への上陸、他の捕鯨船での乗組員の虐殺、自らの船の部下たちによる反乱など、幾多の出来事が、公正な心の持ち主である船長ラッセルの目を通して語られている。

英語を専門とする共訳者とこの事業を進めたのではあるが、翻訳作業は困難を極めた。ラッセル船長の航海日誌は十九世紀前半の古典的な語彙を含む英文で書かれ、しかも饒舌であるのだが、作者はそれにあまり手を加えずに、原文がそのまま引用されている部分も多い。私は英語を単に相互理解の手段として利用している程度にしか過ぎない。しかし、共訳者の英語能力は並ではなく、ある国際的な英語能力の検定試験の結果は、満点にも近いほどであり、シドニー工科大学のクリスティンが驚いて、自分でもそのような高い得点は取れないと言っていたほどである。

分担翻訳を始めた共訳者が、しばらくしてから、「よく分らない箇所があり、オーストラリア出身で日本語にも堪能な先生に相談してみたが、大まかな意味しか取れないと言っている」と訴えてきた。そのようなとき、私は「訳せない箇所は、そのままにして放って置きましょう」と対応しておくしかなかった。しかし、不思議なものである。私自身の担当部分でも、全く分らない箇所が多数あり、そのまま放置しておいたのだが、一年ほど経過して改めて見直すと、以前とは打って変わったように、うまく意味が通じるようになっていた。そうこうしているうちに、オーストラリア出身の先生も、正式に翻訳チームに参画することになり、最終的には数多くの誤りや不完全な部分が修正されていった。

一八六〇年に、咸臨丸は太平洋を越えアメリカに渡ったが、そのときジョン万次郎は操船を担当しており、福沢諭吉も使節団随行員の一員として乗船していた。漢学に始まり蘭学、英学に通じた福沢諭吉は、晩年になって、大阪適塾の恩師、緒方洪庵の翻訳態度を評している。洪庵先生は、日常は温厚で誠実な方であるが、オランダ医学書の翻訳となると、人が変わったように、あまりにも自由かつ大胆な態度になり、人を驚かすほどである。一方で、江戸蘭学の大家、杉田成卿は、慎み深く細事もおろそかにせず、原文を忠実、精密に翻訳するので、高尚な名文ではありながら、幾度となく読んでも意味が通じない。洪庵の態度は杉田成卿とは正反対であり、洪庵の持論は、そもそも翻訳は原書が読めない人のためのものであるから、原書を対照しないと通じないような訳書では意味がないと。

できることなら私も、洪庵のような訳出をめざしたいところだと常々思っている。しかし、一見、訳文がいかに読み易くても、不注意や英文読解力がもとで、原文の意味を取り違えていたのでは、これも翻訳の意味は損なわれることになる。今回、訳出した英文原書には、英語圏の出身者でないと思いつかない用法が使われていたり、英文読解の達人と英語圏出身者が時間をかけて取り組まない限り、正確には訳出できないような文章も多数含まれていた。この二年間以上にわたり、三人の共訳者が補完しながら共同して進めた翻訳書ではあるが、その成否を判断するのは、寛大で忍耐強い読者であることは言及するまでもない。

（「青い地球」65号　二〇一一年四月）

我が家のそうめん流し

今年は大雪で始まった。年末から全国各地で記録的な積雪を観測し、名だたる豪雪地帯に限らず、雪下ろしの苦難がたびたび報道された。幸いにも、高知市内に降った雪は、例年通りごくわずかであった。年明け一月の降水量が「零」と記録されたが、これは観測史上初めてのことであったそうである。春の桜の開花も大幅に遅れ、拙宅から見える山際の桜は、四月の中旬になって、やっと見頃を迎えていた。

二十年前、この界隈に引っ越して来た頃には、五月になると、近くの用水路の草陰にホタルが見え隠れしていた。そして、そのうちの何匹かは、なぜか拙宅の庭にまで飛んで来てくれた。私は、そのことを「毎年、ホタルが一匹だけ庭に飛んで来る」と自慢話を遠慮がちに表現していたものである。しかし、子どもが成長していくにつれ、いつの頃からか用水路にはホタルがいなくなり、庭でホタルを見かけることもなくなった。

近年は五月の連休過ぎの頃から、久万川の河川敷でホタルが舞い始めるのが通例であった。私はビールの晩酌で遅い夕食を済ませ、一人でホタルの「観察」または蛍狩りを楽しんでから、床に就くのが日課のようになっていた。しかし、今年は五月になっても、まだ冷たい日が続いた。五月十五日の晩に、妻の誘いに乗り、二人で久万川沿いを見て歩いたが、目が悪い私にはおろか、目のいいことだけが自慢の妻にも、ホタルの光は感知できなかった。木曜日十九日になって、垣内橋からゆっくり上流に向かうと、河川敷の草陰に、今年初めてのホタルが見えてきた。昨年は五月末ごろ、ここ数年では例がないくらい大掛かりなホタルの乱舞が観察されたのだが。

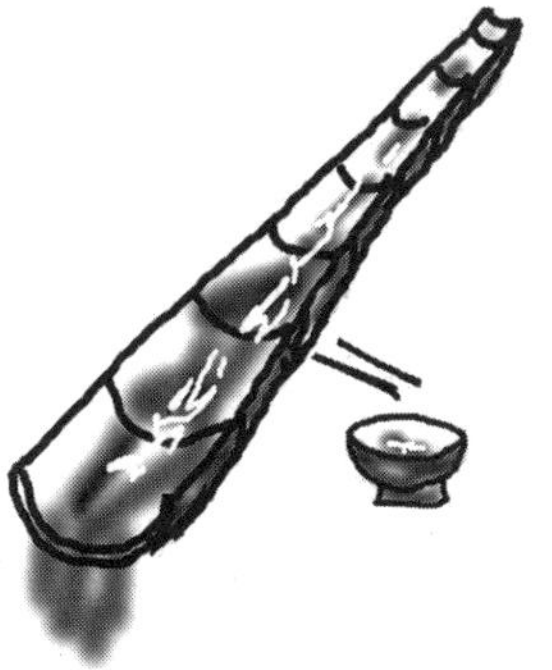

　昨年の夏は、まさに未曾有の暑さであった。今年の夏はどうであろうか。三月十一日に起きた仙台沖の大地震と大津波による福島第一原発の事故により、関東地方の電気供給量が不足することが予測されている。東京電力管内では、すでに、いわゆる計画停電が試行された。地域ごとに輪番で実施される数時間の停電により、社会生活や生産活動は多大な影響を受けることが、広く周知された。私は、昨年六月にインド南部の都市を訪れる機会を得たが、この時、インドで行われている計画停電を体験した。夕刻になって、車で見晴らしの良い高台に案内され、街を見下ろすと、広い地域が真っ暗闇となっていた。市域の全体像を知らない私には、何割程度が停電地帯に入っているのかは判断できなかったのだが。全体的に総発電量が不足しているインドでは、このような事態は恒常的であり、数日間滞在したホテルの冷房装置

もガチャンと大きな音を立てながら電源が切れ、そのたびに、自家発電に切り替わっていたようである。

夏が近づいて来ると、「そうめん流し」が思い起こされる。我が家では、子どもたちが幼い頃、自宅の庭でそうめん流しをして楽しんだ。大きな竹の子も収穫できそうな竹薮が家の近くにある。そこで切り倒され枯れ果てた竹があるのを見つけ、それを半分に割り、節の境を削り取った。これで、そうめん流し用の筧《かけい》の出来上がりである。洗車用の水道の蛇口からホースで水を流しながら、少し勾配を付けた竹の筧《かけい》に、親が代わる代わる茹そうめんを流した。近所の子どもたちも、物めずらしそうに、前の道路を行き交っていたと、今になって妻が語っている。不覚にも、そうめん流しに夢中になって、周囲のことが目に入らなかった自分に、悔いが残る思いである。

そうめん流しは、（重力の法則に従い、）水が上から下に落ちて行くことを利用している。空気より軽い水素やヘリウムなどは空に舞い上がるが、重い物体は、下方に落下するのが当然であり、（何か別の力が働かない限り）上方に移動することはあり得ない。しかし、ゴムホースなどを使ってサイホンにすると、いったんは水面よりも高い所に水を導くことができる。これは少し不思議であるが、よく考えてみると、最後の出口は、必ず元の水面よりも低位置にあるので、結局はそうめん流しと同様に、重力の法則に従い水は上から下に移動している。

ここで、話を一歩進めて、ゴムホースのような管を使わないで、サイホンを作用させることができるであろうか。管を使わないとすると、一体、何をサイホンの材料として利用するのだろうか。答えは、布地や紙屑のような繊維を利用することである。私が、布地によるサイホン作用を「発見」した経緯は、今でも鮮明に脳裏に残っている。

今から五十年近く前のことである。母が、大きなタライの水に、すすぎかけの洗濯物を漬けていた。そのとき白い下着が一枚、タライの縁から外側に大きくはみ出ているのを、私はなんとなく見ていた。何時間か後に、外出から戻って来た母は、タライの水がすっかり抜け出しているのを知るなり、「誰が水を捨てたのか」と声を荒らげた。危うく私が「濡れ衣を着る」ところであったが、白い下着がタライの外側にはみ出ていたのを思い出し、犯人は下着だと主張した。母はそのようなことはあるはずがないと確信していたようであったが、私の説明した通りに試してみて、そうであることを納得した。当時の私には、このようなたわいもない体験が、後で実際に役立つとは、思いもよらないことであった。

ごく最近の話である。化学の研究実験で、水槽の温度を80℃の高温にして、何日間も保っておかなければならない必要に迫られた。そのまま放置しておくと、水が蒸発して、思いのほか急速に水位が低下していき、水槽の電源が自動的に切れてしまうのである。実験を担当する女子学生が時々水を補給すれば済むことであるが、何昼夜かかるのか分らない実験に、ずっと徹夜で対応することは事実上不可能である。その学生は水道を使い、少しずつ水を加えることを試したようであるが、この方法では、すぐに水が溢れ出してしまう。蒸発する水とほぼ同じ速度で水をゆっくり補給する方策として、昔のタライの体験が思い出された。

まず手拭《てぬぐい》をハサミで縦に半分に切り、二本の半手拭を得た。バケツではなく浅目の洗い桶を選んで水を満たし、一本の半手拭を、洗い桶の縁が被るように垂らした。毛管現象で、水は手拭の纖維を伝わりながら、上方に吸い上げられた後、今度は、外側に垂れた部分に移り、ゆっくりと下方に落ち始めた。半手拭を二本共使うと、落下する水量が過剰気味になったが、結局、一本の半手拭だけにすると蒸発速度にぴったり適合することが分り、実験は四日目の朝に首尾よく終了した。この水補給器を初めて目にしたとき、担当の学生は、「キャー」という声を発して笑い出したが、私は「これは最も近代的な水補給装置である」と応じた。

金や白金などは「イオン化傾向」が小さく、酸化溶解し難いのであるが、王水に溶けることは古くから知られている。王水は基本的には、濃硝酸と濃塩酸を一対三の割合で混合したものであり、八世紀のアラビアの錬金術師による記録が残っている。八世紀といえば、日本では奈良時代であり、聖武天皇により東大寺の大仏が造立された時代である。今では黒光りする青銅製の大仏も、造立当初は金の鍍金《メッキ》が施され、金色に輝いていたと言う。

唐突ながら王水の代りに、希硝酸を使って金や白金を溶解させる新手法が開発されたことを記しておきたい。言うまでもなく、希硝酸そのものは酸化力を発現しないので、希硝酸を利用して金を溶かすことを思いついたり、試みたりする（変わり）者は、これまではほとんどいなかったのではなかろうか。しかし、私は、どのようにすれば希硝酸が酸化力を持つようになるかを研究し、その原理を明らかすることができた。今回、独自の工夫により酸化力が付与された希硝酸を使うと、金がうまく溶解した。同様にして白金の溶解にも取り組んだのであるが、こちらの方はなかなか上手く進まなかったのである。それ故、恒温水槽を使って、温度を80℃にまで上げ、時間をかけることにしたのであった。「最新の水補給装置」のお陰で、体力の消耗を最小限に抑えることができたのは、幸運であった。

今でも、そうめん流しの竹の筧は、裏の物置に保管してある。いつか、再び、自宅でそうめん流しをする日が巡って来るのを楽しみにしている今日この頃である。

（「青い地球」66号　二〇一一年七月）

ナンタケットと米国捕鯨基地

「ナンタケット・バスケット・ミュージアムでは、十分に楽しめましたか？」と、いきなり船上で、乗客の男性に声を掛けられた。ナンタケット島からボストンに戻る途中、高速船が本土側のハイアニス港に到着する直前のことであった。私はナンタケットの本屋で入手し、それまで眺めていた写真集をリュックサックに仕舞いかけていた。

ナンタケット島は、米国東部マサチューセッツ州南部の半島（ケープコッド）の中ほどあたりから南へ50㎞沖合、大西洋上に浮かぶ島である。一六二〇年には、英国の清教徒を乗せたメイフラワー号が、この近くのプリマ

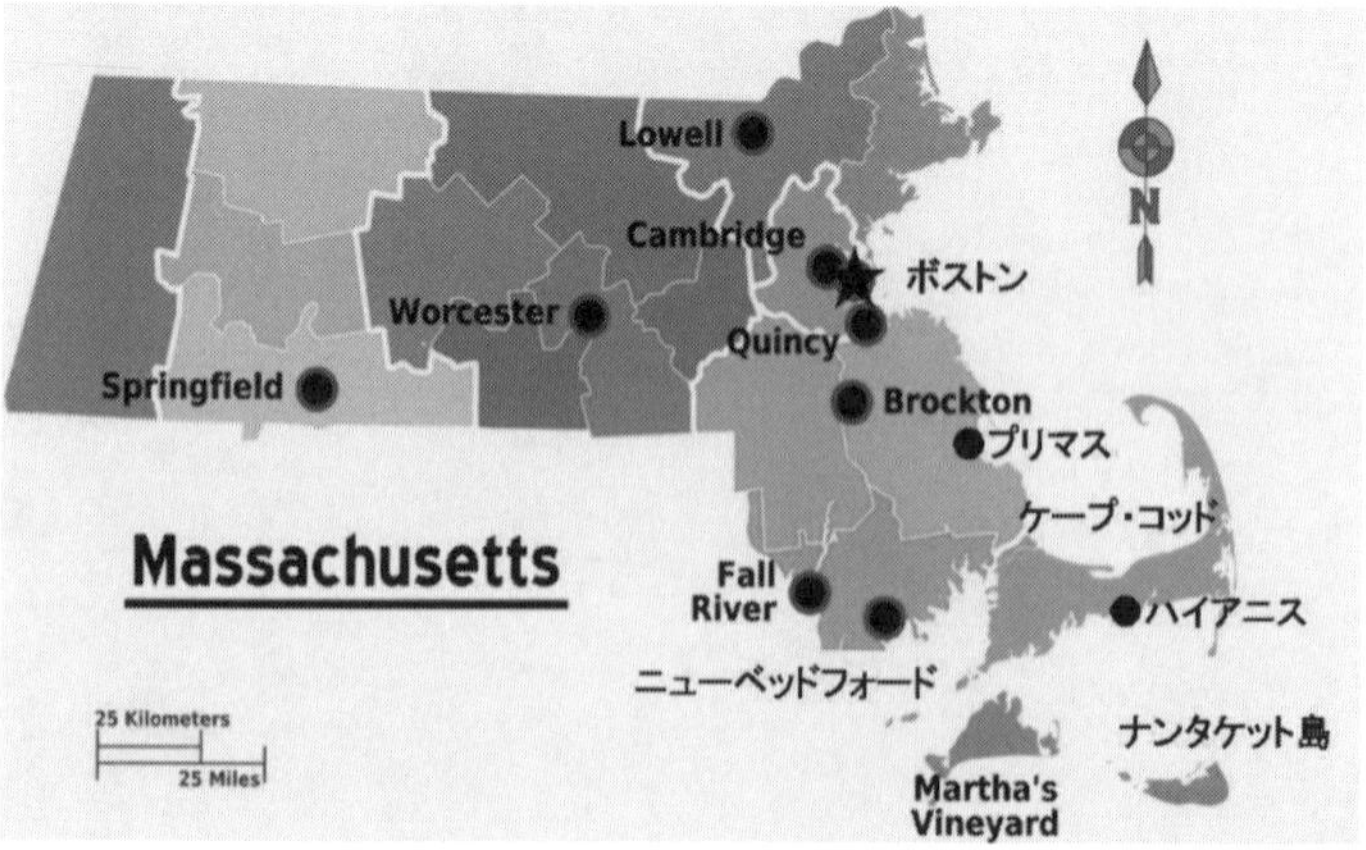

スに上陸した。

その日の午前中、私はいち早く、ナンタケットのユニオン通りにあるバスケット・ミュージアムを訪れていた。「なぜ、私がバスケット・ミュージアムを見学したことを、ご存知なのですか」と尋ね返したが、彼は、展示作品に夢中になっている東洋人の私を、熱心な訪問者としてみなし、その姿を覚えていたようである。このように私に声を掛けてきたのは、ナップ・プランク氏と名乗るナンタケット・バスケット製作者のであった。自己紹介を交わしている間に、ミュージアムで放映された紹介ビデオ番組の中に、プランク氏が映っていたことを思い出した。

ナンタケットは、かつて米国の捕鯨の中心地であったが、次第にその地位は本土側のニューベッドフォード、フェアフェブンに移っていき、一八六〇年頃までには、ナンタケットの捕鯨は完全に衰退した。ナンタケット島全体は砂洲でできており、船の進入路が潮流でふさがれたことが、衰退の原因の一つである。ナンタケットの捕鯨船乗組員たちは、持て余した時間を利用して、船上でも、鯨の歯に細工を施したり、籐《とう》でバスケットを作ったりしていたが、その伝統工芸が発展し、高級な調度品として珍重されるようになった。

日本でも、バスケットが流行しているかを問われたが、私は幾分その意味を取り違え、「竹製のザルなどを日常的に使っていたが、現在では廃れている」と返答した。高級ナンタケット・バスケットの展示会は東京近くの「ニッコー？」などで開催され、また、技術指導に日本まで出向いたりしているので、日本人の製作愛好家も増えているとのことであった。

二〇一一年七月中旬、私は米国マサチューセッツ州ボストンに出向く機会を得た。この機会を利用して、米国捕鯨の歴史について調査・見学しておくことを考えついたのである。「エゾ地に上陸した豪州捕鯨船」というオーストラリアの捕鯨に関する本の和訳は既に終了し、現在、出版されつつある状態である。原著は、一八三〇年頃の豪州捕鯨船レディロウエナ号の船長が書き残した航海日誌をもとに、オーストラリアの女性によって一冊の本として纏められたものである。日豪間には、日本の捕鯨に関して、激しい対立が生まれているが、双方とも、自己主張を声高に繰り返すばかりで、話が全くかみ合わず、話し合いそのものが成立していない。本書は、一人の捕鯨船船長の目を通したものであり、かつての豪州の捕鯨航海の様子が丹念に描写されている。十九世紀前半の古い捕鯨航海記を掘り起こしてまで、日豪間に対話の糸口を提供したいとの作者の思いは明白である。この本を共同翻訳者と共に訳出し、出版することには十分な意義があるだろう。

ナンタケット港入口のブラント岬灯台
2011 年 7 月撮影

今回の米国捕鯨基地の「調査」に関しては、私には二つの選択肢があった。まず、最初に考えたのは、ニューベッドフォードとフェアフェブンを訪ねることである。これらの町は橋を隔てた隣町同士の関係である。ニューベッドフォードには、最盛期の米国捕鯨産業を今に伝える捕鯨博物館がある。隣町フェアフェブンにも、ジョン万次郎を鳥島から救出したホイットフィールド船長の家が、聖路加病院の日野原重明らの尽力で、「友好記念館」として整備されている。

二つ目の選択肢は、一八五一年に出版されたメルビルの小説「白鯨」の捕鯨船ピークオッド号が出港したナンタケットを追体験することであった。日程と交通機関の便からすると、両者を共に実践するのは欲張り過ぎであることが分った。結局、「白鯨」にでてくる「煮込み亭」のクラムチャウダーを味わいたいとの「食い気」と、離島の一泊旅行という郷愁に誘われて、第二案を選択することにした。

七月十三日の朝、ボストンのホテルに荷物を預けた後、私は小型のリュックサックを担いで、ボストン南駅のバス・センターからハイアニス行きのバスに乗り込んだ。途中でプリマスなどを経由して、二時間ほどで、ハイアニスに到着した。ここからナンタケット行きのフェリーは、二社が運航しているが、ハイアニスのバス・ターミナルから港まで、さほど長い距離ではないものの、無料マイクロバスの送迎サービスを提供しているスティーム・シップ社の方を選んだ。

高速船には、百数十名の乗客が乗り、何台もの自転車も積み込まれたが、見回したところ東洋人は私以外には見当たらないようであった。高速船はその名の通り、まるでジェットエンジンで推進しているかのようであったが、あまり揺れは感じなかった。船内はゆったりとしていた。

　地元工場で作られたケープコッド・ポテトチップスをかじりながら、ビールを飲んでいると、船内で放映されているテレビ番組が気になりだした。どうも、ドイツで開催中のワールドカップ女子サッカー大会で、次に米国と対戦するのは、日本かスウェーデンかと、何度も繰り返しているようである。テレビに近づいて見ると、本当に「なでしこジャパン」とスウェーデンの試合が始まったのである。一階のキャビンで、テレビに注目している人はほとんどいないように思えた。試合開始後、わずか十分程経過したとき、日本はスウェーデンに先制された。次の展開を注視していたのだが、一時間半の船旅の終わりが近くなり、残念にも、テレビ放映の電源が切れた。先制を許した「なでしこジャパン」はこれで終わりなのだろうか。

　船はブラント岬灯台を回り、ナンタケットに入港し、桟橋に着いた。その晩宿泊するために予約していたアンカー・インは、その桟橋から遠くないところにあった。十九世紀の建物が保存された町並みが続いていた。アンカー・インのすぐ近くには、高い塔のそびえる教会があった。宿は、屋根裏部屋の三階を含めて、十部屋もないほどの大きさで、英国の田舎風であった。宿主のベンが接客し、あれこれ、説明してくれたが、宿の所有者は、この町の他の場所に住んでおり、ベンは妻のフェザーと共にこの宿の管理をしていたのである。彼らは、数ヶ月前にニュージーランドからやって来たが、今は、半分休暇の気分だと言っていた。

　日暮れまでには十分時間があるので、近くを見て回ることにした。宿主のベンは貸し自転車で

捕鯨船上の鯨油製造釜（Try pot）
2011 年 7 月撮影

ナンタケット捕鯨博物館入口

島を巡ることも勧めてくれていた。しかし、桟橋から宿への道の途中で、捕鯨博物館を見つけていた私は、そこを見学することから始めた。ナンタケットの捕鯨博物館は、ニューベッドフォードの博物館に次ぐ、規模を誇っている。

ボストンからハイアニスに向け、バスで南下している間は、曇り勝ちの天気であったが、夕刻近くなって、ナンタケットには全くの青空が広がっていた。ハイアニスの無料送迎バスの運転手は、「この時期には、晴れたり曇ったりの空模様はいつものことだが、今日は、ひょっとして夕立が来るかも知れない」と言ったのが嘘のようであった。

私は、先ほど船上から見た灯台を間近で見たくなり、その方向に向かった。自転車に乗った人たちが、歩いている人にかまわず、駆け抜けて行った。しばらく歩いて行くと、港の入口のブラント岬灯台に到着した。湾内には数え切れないほどのヨットが係留されていたが、それを縫うように、乗客を満載したフェリー船が、出入りするのを眺めた。私は砂浜で横になり、目をつむった。ボストンでの仕事の首尾を反芻していた。

夕食には、宿主のベンに紹介されたレストラン「クイークェグ」に行くことにした。レストランの店名は「白鯨」に登場する銛突きの名人のものである。この銛突き名人は、どこか南洋の島の王位継承者であると言うが、その島は誰にも特定できないのである。私は手始めにクラムチャウダーを注文した。もし私に不満があるとしたら、それは、私が一人で食事をしていることだけであった。

食事の途中で、思いもかけず雨が降り出したようであった。それが雷を伴い、窓に叩きつけるような激しいものに変わったのだが、そのレストランでそのまま雨宿りをするうちに、雨はすっかり止んできた。雨で道路に溢れ出た水を避けながら、宿に戻った。開けてあった窓を閉めようとすると、吹き込んでくる風は、肌寒い風に変わっていた。

ボストンに戻り、翌朝、ホテルで朝食を取りながら、宿泊客へのサービスとして積まれた新聞に目をやった。その一面のトップには、「なでしこジャパン」の澤穂希選手と米国チームのゴールキーパーであるホープ・ソロ選手の二人を組み合わせた写真が掲載されていた。ワールドカップの決勝戦は日本と米国の対戦であることをこのとき初めて知ったのである。私は、妻への土産のナンタケット・バスケットを大事に携え、ボストン空港を発った。

（「青い地球」67号　二〇一一年十二月）

私のヨサコイと土佐の源流

高知県西部の四万十市から、足摺岬の北方を過ぎ、宿毛市に至ると、そこはもう県境近くである。篠川橋ではっきりと県境を越え愛媛県に入り、国道五六号線をさらに北上していくと、豊後水道に突き出た由良半島が左手に見えてくる。半島の南半分は南宇和郡愛南町であり、長い尾根に沿った北半分は宇和島市（以前は北宇和郡津島町）に属している。

この由良半島の岬の突端には、かつて日本海軍により由良要塞が築かれた。本土決戦を目前にして、敵側の潜水艦の侵入を探知するために、

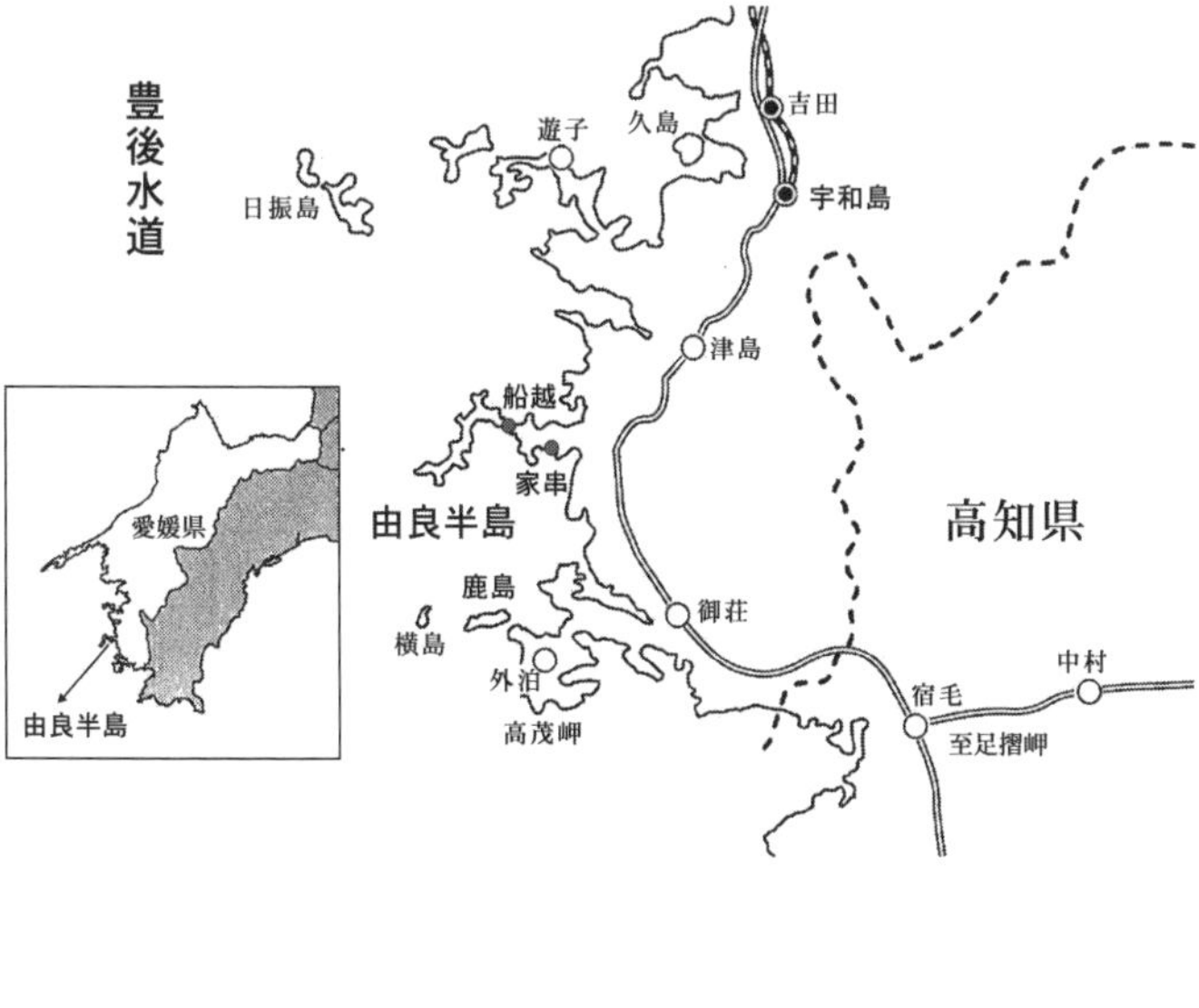

最新の水中探信儀と水中聴音器が配備されていた。国内の数十箇所に築かれた衛所の中でも、最大規模であったとされる由良要塞は、戦後すぐに、米軍の命令で破壊されたが、コンクリート兵舎などの遺構は、今でも海上から見ることができる。

半島の中ほどには、地峡となって細く括《くび》れた箇所があり、そこを切り開いて、船越運河ができたのは昭和四十一年のことであった。波が荒く潮流の激しい由良の岬を迂回することなく、容易に南北の往来ができるようになった。この船越の地には、シロノハナ（城の端）と呼ばれる小高い山があり、ここにかつて船越城が築かれていたと言う。

江戸時代には、「下にー、下にー」の声と共に、宇和島の伊達の殿様が籠に乗って、「うねの松」と呼ばれる峠を越え、由良半島の根元に近い「家串（いえくし又はエノクシ）」という集落に至った。家串を代々治めてきたのは庄屋（正しくは組頭）の吉良家であったが、そこから船を漕ぎ出し、沖合約15㎞、宇和海に浮かぶ鹿島で巻狩りをしたと伝えられている。鹿島には、野生のシカやサルが生息しているが、何百年間にもわたり御狩場として保護されたのである。しかし、私が子どもの頃、鹿島に連れて来てもらったときには、どこを見渡してもシカの気配は感じられなかった。島を離れる時刻になって、やっと、年老いた島守りが「ホー、ホー」と根気よく呼び掛け続けると、シカが奥の茂みの方から草場に出てきたことを記憶している。

徳川期の初期に、仙台伊達政宗の長（庶）子である秀宗が、宇和島十万石の藩主として入府してきた。それから二五〇年後、幕末期になり伊達宗城《むねなり》は、薩摩の島津斉彬や土佐の山内容堂などと共に四賢侯と呼ばれた。米国ペリー来航の数年後に、この宗城は、小型ながらも蒸気船を試作したほどの開明派であった。もし存命なら九十五歳になる私の父に、よく語り聞かせたという曾祖母が目のあたりにしたのは、鹿島へと向かうこの殿様の行列だったのだろうか。

室町から戦国時代にかけ、土佐の国でも豪族たちが群雄割拠していた。国の中央部では本山氏、大平氏、津野氏、吉良氏などが勢力争いをしていたが、最終的に、国を統一したのは、長宗我部氏であった。長宗我部元親は、さらに勢力を広げ、四国全体をほとんど平定しかけていたが、天下統一を進める豊臣秀吉の軍門に下り、土佐一国だけを支配することになった。愛媛県家串地区の吉良家は、長宗我部に追われ、土佐の方から逃げ延びて来たのだと、私は父から聞かされたことがあった。

私は土佐に何かしら深い絆を感じながら育った。大学の教え子の中に、吉良姓を名乗る学生がいた。私はその学生に「あなたを見ていると、私の先祖に会っているような気がする」と語ったことがあった。「高知の吉良氏と家串の吉良家には、どのような関連性があるのだろうか」という疑問が長い間、気懸りとなっていた。

昨年七月、郷里の兄から電話があり、高知県立図書館などに保管されている「吉良物語」を読みたいので、探してくれとの依頼を受けた。無分別にも、兄の話で初めて知ったことであったが、家串の吉良の分家が北宇和郡と南宇和郡に四家あり、いずれも浦方ではなく村方の庄屋または庄屋格であるが、家串の吉良本家をあわせて「五吉良」と称され、毎年輪番で吉良講を催して、互いの絆を深めていたとのことである。

　吉良物語などによると、土佐の吉良氏は、源氏の血を引いていると言う。源頼朝の弟で、義経の兄にあたる希義《まれよし》は、平治の乱の後、伊豆ではなく土佐の介良《けら》（現在高知市内）に流刑となり、平家の平田家に預けられた。その後、頼朝の挙兵に呼応しようとしたため、平家側に討たれたが、遺児の希望《まれもち》が、頼朝の世になって土佐の吾川郡に土地を与えられ、吉良姓を名乗るようになった。

　このように鎌倉時代の当初から始まったとされる吉良氏は、名門であり、勢力も大きくなっていたが、結局、本山氏などに滅ぼされてしまう。しかし、名門吉良氏の名を惜しんだ長宗我部氏は、元親の弟の親貞に吉良を名乗らせた。吉良氏を継承した親貞は、吉良宣直《のぶなお》の娘を娶っていた。かろうじて家名をとどめた吉良氏であったが、運悪く、再び、存亡の危機に見舞われる事件がおこった。親貞の長男である吉良親実《ちかざね》が、長宗我部元親から四男盛親《もりちか》への家督相続に異を唱えたため、死罪を命じられたのである。この事態に至り、土佐吉良氏は断絶し、正史からは抹消されることになる。

眞西堂如淵原作、秋月山人潤色
「吉良物語」南學會刊行
青楓會（高知県立図書館内）
発行　昭和９年

　ところが、家串の吉良家の伝承や資料などによると、親実の弟、親義《ちかよし》が南予の船越に渡り、その後、家串浦で漁師の頭領になったとされている。親実の異父兄弟の如淵《じょえん》も死罪を命じられたが、吉良物語の原型となる書物を残したとされている。

ここで、吉良の当主親実の弟である親義が、歴史の表舞台にはほとんど登場せず、また、死罪にも問われずに済んだのは、なぜだったかについて考えてみたい。家串吉良家の末裔で、東京を本拠としていたが、現在は愛南町の長月在住の吉良六男氏が書き綴られた小冊子「吉良家の歴史続吉良物語」には、資料を引用しながら、親義は「身体が弱く武士として勤めることができなかった」とある。これはまさに、中国故事にいう「塞翁が馬」であり、何が幸いし、何が不幸につながるのかは、全てが終わってしまうまでは判らないということであろう。

高知県宿毛沖の鵜来島や沖の島から見ると、ほとんど真北の方角にある由良半島中央部の船越は、すぐそこの距離である。由良半島から全く逆の方角を見ても、同様であり、私の父が若衆の頃には、豊かな漁場を求めて家串から土佐（宿毛沖）まで、頻繁に出漁していた。

当初の家串浦には七軒ほどしかなく、「七軒家」とも「吉良」とも呼ばれていたが、家串で吉良の分家が増えていき、家を一本の串で連ねると家系になるとの考えから、由緒ある家系の地という意味で、家串と呼ばれるようになったという。

昨年七月中旬に、米国マサチューセッツ州ボストンのＭＩＴで化学反応に関する国際会議が開催された。この会議の懇親会の会場において、私は主催者のＷ・グリーン教授の許可を得た上で、土佐のヨサコイを歌い、踊った。それがもとで、日本人仲間が近くに集まり、談笑できることになったのは何とも幸運であった。

私の周りに集まって来た日本人の一人に、ＭＩＴの大学院で、グリーン教授の指導のもとに研究をしている女子学生がいた。その学生は、父親の仕事の関係で、幼少時から長年にわたり米国に在住してきたにもかかわらず、正しい日本語を話し、昨今の日本の学生よりも日本人らしい作法を身に付けていたことに大いに驚かされた。

ボストンから帰国した後に、吉良物語と対峙することになった。郷里の兄からの依頼をきっかけにしたものであったが、一連の資料等の「調査」を行った結果、なぜ、私がこれほどまで土佐のヨサコイ踊りに魅せられるのかが、やっと納得できるようになった。

土佐吉良氏の血はわずかかも知れないが、長宗我部氏の血は、私の血に中にも、生来の土佐人に負けぬほど、(直接的ではないにしろ)流れているはずである。そう思うと、時々沸き起こる、えも言われぬ感情の高まりの為せる業も、自然に受け止められるような気がした。

(「青い地球」68号　二〇一二年四月)

老年のための童話

還暦と米寿

それは春の夕暮れ近くのことでした。自宅から、西方の丘の斜面には、散りかけた桜が見えました。私は庭に白色のテーブルを持ち出し、一人でビールを飲んでいました。すると蚊が一匹飛んできて、使い古した大谷焼のビール・ジョッキの飲み口に止まりました。人の血を吸う代わりに、ビールの味見にでも来たのでしょうか。蚊は、手で振り払われると、今度はテーブルの上にとまりました。

テーブルは、一人だけの「お客」を始める直前に、庭の水道の水で丸洗いしましたが、十分に拭き取らなかったため、テーブル上には、いくつもの小さな「水たまり」ができていました。アメンボと違い、蚊は「水たまり」に足を取られ、動けなくなっているように見えました。私は、手で蚊をたたきつぶすこともできましたが、そうすることをためらっていました。「蜘蛛の糸」の中においては、生涯一度だけクモを殺さずに、助けたカンダタが主人公です。私は、カンダタほどの極悪人ではないはずであろうか、逆に、カンダタとは違い、その場限りにせよ慈悲の心は持ち合わせてはいないのではないかと自問自答していました。

今年は年明けに、同僚の一人であるK氏を亡くしました。K氏は肺を患い、それに気付いた時には、手遅れになっていたことを後で夫人から聞かされました。「同期の桜」という言葉があります。同じ年、昭和五十四年に、同じ職場に就きました。他にも数名の同期がいましたが、あれから三十三年が経ち、外部に去った人もいれば、すでに亡くなった人もいます。その中で、一〇年近く前に亡くなった人の死は、ずいぶんと勇ましいものでした。四国第二の高峰剣山山系で、ハンググライダーに似たパラグライダーに乗って、空を飛び回っていたとき、操作を誤り墜落死してしまったのです。その知らせを聞いて、「彼は結婚もせず、死ぬまでグライダーを続けるだろう」との私の予感が現実となってしまったことを悔やみました。

私共は昭和五十四年四月に高知に赴任してきました。新任者には、学長から辞令が交付されることが、あらかじめ知らされていました。その日の朝早くから、私は一人で、竣工したばかり建物の二階実験室の整備をしていました。これから順調なら、四〇年近くの長期にわたり主な仕事場となるのです。私は感慨を込めながら作業に没頭していました。しかし、その時刻には、学長からの辞令の交付が行われていたのです。これが私のツマズキの元になろうとは誰にも予見できませんでした。ともかく辞令は後で送られてきました。こうして私にとって生まれて初めての給与は、無事に支給されました。

新緑の五月になりました。赴任して二度目の給与を受け取ることになります。私は、研究室の二、三名の学生たちと、街に繰り出すことを計画していました。その日の午前中に、現金入りの給与袋を受け取り、カバンの中にしまっておきました。午後からは、少し離れた場所で多人数の実験授業の指導をして、夕刻に居室に戻ってきました。カバンの中から、給与袋を取り出し、その晩の街での軍資金にしようとしました。しかし、そこに給与袋はなかったのです。あちこち探してみましたが、やっぱり見つかりませんでした。

翌日、事務局に連絡を取り、給与袋がなくなったことを伝えました。すると、担当者は、これは特に、外部に通報するようなことではないとの意向を返してきました。理由はよくわかりませんでしたが、私の勘違いか何かに間違えられたのかも知れませんでした。しかし、しばらくすると、給与袋がなくなった人が他にもいたので、警察に捜査を依頼することになったと連絡を受けました。

警察の刑事などが来て、私の居室の至る所から指紋を採取していきました。しかし、プロの仕業でしょうか、犯人の手がかりは決して得られませんでした。結局、私の五月分の給与はゼロになってしまいましたが、ドアに鍵を掛けることもせず、部屋を長時間留守にした私自身の責任でした。

もう一人の被害者は、新任のK氏でした。彼が部屋を空けていた理由は定かではありませんが、とにかく、給与袋が丸ごとなくなったことは確かです。しかし、私の場合とは大きく異なる出来事が直後に起ったようです。というのは、その年の秋、K氏は、同期に赴任した女性と結婚することになったのです。K氏とその女性は、たまたま、同じアパートに住んでいたとのことでした。何か必然的なきっかけがあったのでしょう。結婚式は市内のホテルで行われましたが、当時、学部長をされていたU先生が仲人でした。

結婚式の日は、あいにく雨模様でした。私は、傘をさして会場に来たものの、式服の肩口が雨で濡れていたようです。U先生の奥様が、すかさず私の肩にかかった雨を、ハンカチで拭いて下さいました。私の年齢が、先生ご夫妻のご子息と同じくらいだったのかも知れません。なぜか、この些細な出来事は、今でも鮮明に思い出されます。

K氏の葬儀の場で、U先生に出会いました。もうかれこれ二十年もお会いしていませんでした。背が高かったU先生も腰が曲がり、先生のお顔の位置は、体格のよくない私の視線の高さと、変わらないほどになっていました。あの奥様は三年ほど前になくなり、今は一人暮らしを余儀なくされているとのことでした。

辰年生まれの私は、今年、還暦を迎えました。昔むかし、子供のころには、西暦二〇〇〇年に、私が四十八歳になることを計算で知っていました。二十世紀から二十一世紀へと移るとき、四十八歳になった自分はどうしているのだろうかと、思いを巡らしてみましたが、うまく想像できませんでした。その四十八歳は、いつの間にか、とっくの昔に通り過ぎていました。私の母は米寿を迎え、二月には田舎で、ささやかな祝いをしました。私が今年の母のように、米寿になった頃には、どのようにして生きているのか、やはりうまく想像できるものではありませんでした。

ビールを飲んでいた白いテーブルの上で、蚊は、しばらくじっとしていました。かなりの速さで水が蒸発していくせいなのか、蚊の足を捕らえたテーブル上の水滴は次第に小さくなっていくようでした。もうすこしだけそっと見ておこう、目を離してはいけないと思った瞬間、蚊は消えていました。

大事なときにわずかな油断が生じチャンスを逃してしまう。記憶を辿るまでもなく、このような失敗が、私の人生において、何度も何度も繰り返されてきたように思えます。失敗の繰り返し、これを辛くも乗り越えてきました。これが私の人生なのでしょう。

（「青い地球」69号　二〇一二年八月）

二度目の金沢と金箔

幼子は　桜向こうの　月見かな

二年ほど前に、初めて、北陸金沢を訪れる機会があった。高知空港から東京羽田を経由して、小松空港に飛ぶという、自分では思いも付かないような豪勢な経路であった。酒処である北陸三県の酒造組合が組織する研究会があり、その酒造研究会の講演を依頼されたのである。日程、旅程などは、全て、主催者側の提示案に従った。

私はこの十年ほど前から、地元高知の酒造会社と共同で、酒について化学的に研究してきた。酒造りに適する水を探索することが、共同研究の目的であった。しかし、その問題を解決していくうちに、酒が本来持つ根源的な問題に立向かう方向に進んだ。日本酒に限らず、酒類全般に共通する「熟成とは何か」という問題と対峙することになったのである。幸運にも、研究は何とかうまく進展し、図らずも、古今東西の誰もが気付かなかった、単純な原理に到達することができたと主張できるまでになった。

私共が唱え始めた「異説」に対して、特に、酒愛好家による感情的な強い反対論も根強く残るが、酒類の生産者には、好意的に受け入れられるようになってきた。今回のように、各地の酒造組合などから、「酒の熟成」について、講演を依頼されることが多くなったのである。

講演会の翌日は、復路の飛行便までに時間があったので、金沢城、兼六園などを見ていくことにした。ＪＲ金沢駅前から兼六園行きのバスに乗った。バス後方に座った私の隣は、最初は空席だったが、二人組みの年配女性が乗り込んできて、片割れの一人が私の隣に座った。

二人組の会話からすると、二人は富山方面から来たが、そのうち一人は、夫？か年老いた姑の世話に忙しく、やっと時間をぬって（初めて？）金沢見物に来たらしい。夕刻前には、何食わぬ顔で家に辿りついていなければならないようである。私の隣席を占拠したもう一人は、相槌を打つだけで、自分の家族の様子については語らない。

その「無口な」女性が私に声を掛けてきた。講演が目的であったので、私はカジュアルな私服を持ち合わせていなかった。休日の観光なのにネクタイと上着姿の私を見て、「一見紳士風」とでも見誤ったのだろうか。ごく当たり前の世間話をしているうちに、話題は昔話に移り、その女性は自らの父親のことを語り始めた。今となっては、それが満州での出来事だったのか、山口や広島の話しだったのか、うまく思い出せないのが何とも口惜しい。何でも、自分の子どもたちにも増して、他所の子どもたちを大事に扱い、支援の手を差し伸べたが、家族の中には、そのような父親を疎ましく思う者もいたとのことであった。

バスの中でたまたま隣席になり、互いに名前も知らない仲でありながら、その女性は、趣味の俳句についても語りだした。話を聞くうちに、その女性は、俳句創りの名手であることが分かってきた。全国規模の句会で優秀賞を得たと言ったようにも聞こえた。

春、夜桜見物に行ったときの様子を興味深く話してくれた。若いカップルの場合は、なぜか、桜も見えない暗い方へ暗い方へと引き寄せられる傾向があると言う。一方、ある若夫婦の連れたごく幼い子どもは、桜の花を見ないで、じっと月のほうに見入っていたとのことである。薄明かりの桜を愛でるよりも、きっと明るい月に気を取られたのであろう。

この情景を一枚の写真のように切り取った一句が入選したのである。香林坊から兼六園へと向かうバスの中で、その句を披露したのは、その女性ではなかった。話の情景を思い浮かべ、とっさに駄作の一句を披露して見せたのは、他ならぬ私であった。冒頭に掲げた俳句は、その後、幾度かの修正を経てできたものであり、話題を提供してくれた女性との合作と言えようか。話題提供者には、随分と迷惑な話ではあるが。

「幼子は　桜向こうの　月見かな」

兼六園はさすがに加賀百万石の大庭園であり、岡山の後楽園や水戸偕楽園よりも、断然、すばらしく思えた。園内を巡りながら、途中で、和ろうそく、九谷焼などの伝統工芸館や、前田家の姫君たちが楽しんだ「貝合せ」などの品々の展示物をゆっくり見て歩くと、昼を過ぎる時刻になっていた。

下り切った坂道を少し上ると、「夕顔亭」が目に入ってきた。園内で営業している料亭の一つである。休日の昼食の時間帯で客が込み合っており、私は、緋色の布で被われた待ち席に座り、席が空くのを待っていた。すると、若い接客係が来て、少し離れた別の建物に案内してくれた。そこには滝のある池が見渡せる、ゆったりとした席があった。先ほどからの接客係が丁寧に注文を受けてくれ、料理を運んでくれた。時間間隔からすると、多分、本亭との間を行き来しているに違いないようである。一品ごとに料理の説明を受けたが、その中には「治部煮」と呼ばれる、鴨肉を煮込んだ郷土料理も含まれていた。

私は一人でビールを飲みながら、旅先でのおいしい料理と最高の雰囲気を満喫した。二本目のビールをグラスに注ぐことを依頼しながら、声を掛けてみると「案の定」、その接客係は学生のアルバイトであった。多分私には、学生を見分ける鑑識眼が備わっているに違いないと、一人ほくそ笑んだ。

食事が終わり席を立ち、心からの礼を述べながら握手を求めると、その接客係は一瞬、躊躇しながらも、私に手を差し伸べてくれた。しかし、その手は冷たく感じられ、若くて気品ある女性の手とは、「こんなにも冷たいものだったのか」との思いが強く記憶に留まった。

本年九月中旬、再び、金沢を訪れる機会に恵まれた。日本分析化学会の年会が金沢大学角間キャンパスで開催されたのである。学会賞受賞講演が三件あったが、その一つは東京のN教授による「X（エックス）線分析法を利用して、物質の歴史を紐解く」であった。ガラスや陶磁器にX線を当て、その表面から出てくる蛍光を詳しく調べることにより、物質の元素組成を知ることができる。エジプトのピラミッド内部の埋葬品や奈良の正倉院宝物のガラスを、傷付けることなく分析して、それらの由来を特定していくのである。日本の陶磁器について、「古九谷」と信じられていたある高価な焼物が、実は、佐賀の有田産である可能性が高いことなども明らかにされた。

国宝に指定されている尾形光琳「紅梅白梅図屏風」の金色の背景は、「金箔」によるものか「金泥」によるものかが議論された。金箔は、そのほとんどが当地金沢で生産されている。厚さ0.1ミリメートルの金板を、和紙の間に挟んで根気よく槌で叩き、その千分の一まで薄く引き伸ばすのである(厚さ0.1ミクロン＝100ナノメートルとなる)。金泥は金箔を細かく砕き、ニカワに混ぜ込み、塗り付けるものである。

紅梅白梅図屏風　MOA 美術館所蔵

近年、「紅梅白梅図屏風」の背景は金箔ではなく、金泥によるものであるとの説が有力視されていた。しかし、N教授とその学生たちが、慎重にX線を当て調べてみると、約12センチ四方の金箔を並べて張り合わせるとき、必ずできる重複部分では、金の厚みが二倍となって観測された。このようなことから、金泥ではなく、金箔が貼られていると結論付けられ、二〇一一年十二月、光琳制作当初の姿がコンピューター・グラフィックス（CG）で再現された。

年会終了後、金沢大学からマイクロバスで一時間ほどにある加賀温泉のホテルにおいて、二十一世紀委員会二十周年記念会が開催された。二十年前の「若手」と現在の若手有志が集まり、分析化学の将来について意見を交換した。四十名近い参加者の中には、二名の女性研究者がいた。二次会の会場になった和室いっぱいに、あちこちで車座ができていた。

私が秋田大学のO教授と話していると、「地元のおいしいお酒ですよ」と元気な声で、女性研究者の一人が割り込んできた。

O教授は、物理のノーベル賞受賞者、湯川秀樹の甥である。伯父御の葬儀は知恩院で行われたことを、このとき初めて知った。元気な声の割り込み女性研究者は、学会賞受賞N教授のお弟子さんの一人であり、今年から東京近隣の大学に職を得たとのことで、O教授と三人で日本酒の乾杯をした。

翌日、JR加賀温泉駅で土産に和三盆と温泉たまごを買い、富山からのサンダーバード号に乗り込んだ。高知に帰任すると、同じ学会に参加した学生たちの土産も、テーブルの上に並べられていた。一人の大学院生は、乾パン状の洋菓子「ラスク」を買ってきたが、その表面には金箔がちりばめられていた。正月などめでたい席では、金箔入りの酒を呑むことがある。

長い夏休みが終わりかけた九月末、東京からN教授を当大学にお迎えして、多数の受講生に感銘を与える講義をしていただいた。実は、この四月から、N教授の別の弟子が高知に赴任してきている。その新任教員の奥さんの実家は、たまたま、県内のユズ生産者であるという。彼は金沢土産に餅または饅頭のようなものを買って来たが、その表面にも、金沢の金箔がX（エックス）字型に貼られていたとのことであった。

（「青い地球」70号　二〇一二年十二月）

トロント、真夏の物語

二〇一二年七月二十四日の夕刻、私は高知空港に降り立った。カナダ・トロント空港からエアーカナダ〇〇一便で帰国し、羽田で国内便に乗り継いだ長旅であった。手荷物引渡所のターンテーブルに向かっていると、「リョーマの休日」の観光ポスターが真っ先に目に入った。羽織袴姿で坂本龍馬に扮した尾崎正直高知県知事と観光大使の女優がスクーターに乗っている。かの映画「ローマの休日」では、アメリカの新聞記者とアン王女がベスパに二人乗りして、ローマ市内を駆け巡った。

「どこから来られましたか」と明瞭な英語で話しかけられた。気がついて見ると、私の隣の席には、まだ学生気分の漂う小柄な女性がすでに腰掛けていた。英国化学会の主催により、カナダ・トロント大学で開催された国際会議の始まりを告げる夕刻の交流会の席上において、一人で赤ワインを飲んでいたときのことであった。日本地図を描きながら、東京ではなく、大阪に近い四国という島の南側に位置する高知から来たことを示した。そうすると、彼女は「連れや学生は一緒に来ているのか、トロントでの滞在予定は何日までなのか」と立て続けに質問してきた。

幾分肌の色が濃いその女性は、本年、タイの有力四大学の一つであるカセサート大学で学位を取得し、現在、同じ大学で博士研究員をしているが、この学会には私と同様に単身で来た。日本の筑波大学やオーストリアのウィーン大学にも留学経験がある。日本の友人に連れられて、なんと銀座通りの如くに込み合った、夏の富士山に登頂したことがあるとの話には驚かされた。大変なハチキンならぬ「国際的活発女性」である。

トロント島から見たトロントタワー
2012年7月撮影

話を進めていると、その日は、セントローレンス川に浮かぶトロント島に行き、島の中央部から東端のワーズ島まで、一人で歩き、そこからのフェリーで戻ってきたと言う。実は、その日、私も全く同じ行動を取っていたのであった。日本語の旅行案内書やインターネットの情報を手がかりにして、私の場合は、ワーズ島まで恐る恐る歩いたのであった。

まだ若い彼女が、ヨーロッパと北米のどちらが好きかと訊ねてきた。ヨーロッパのことをそれほど知っているはずがないとたかを括っていると、「ヨーロッパの街はそれぞれに歴史と個性があって興味深いが、トロントはその点では味気ない」と、今日、私と同じようなルートで市街を見てきた自らの意見を、はばからずに口にする。ご当地にあっては、ご当地のことなら精一杯持ち上げるのが礼儀と言うものであろうが、一向に気にする素振りを見せない。ヨーロッパの街が余程気に入っているらしい。私は、内心では彼女の言い分と全く同じ意見ながらも、単に「あなたの言うことは理解できる」と応じておいた。しかし、その日の別れ際には、北米の大自然が話題になり、雄大なナイアガラ滝に関して、私に気懸りな点を残した。私は、すでに二度もナイアガラに行ったことがあり、今回の旅行日程には全く入っていなかったのである。

私は主催者側が推奨したホテルに宿泊していたが、そこから、会場までは歩いて十分間ほどである。翌朝、会場に行くと、すぐに昨夕の若い女性研究者の姿が見えた。私が講演会場の席に着くと、彼女は私の隣に席を占めた。研究発表が始まるや、彼女は熱心にペンを走らせ、メモを取っている。帰国したとき、指導教授に報告をしなければいけないためでもあろうか。私の方と言えば、日本との時差が十三時間であるにも拘らず、昨晩は比較的よく眠れたことにもよるが、突然得た「隣の監視」の目が絶えず光っているので、居眠りなどできず、講演発表をよく聴くことができたことは大きな収穫であった。

研究発表の二日目、タイの女性研究者は、朝一番には会場に来ていなかった。これから発表される研究内容が、彼女の分野とは異なるせいなのだろうか。私は、少し前の席に陣取った金髪の女性を見つけた。その後ろ姿からして、三十年前から知っている、カナダ・カルガリー大学のV・

バース教授であるのは間違いない。私は、一九八二年十一月から、約一年半にわたりカルガリー大学で博士研究員をした。私の滞在中に、V・バースはカルガリー大学に助教授として赴任してきた。私は指導教授のT・Chivers先生の了解を得て、新人女性助教授による大学院の講義を聴講した。当時から金髪が美しかった彼女の講義は、めまぐるしく進行し、すでにあらかた知っている内容でありながらも、付いていくのが精一杯であった。V・バース助教授は、次々と研究成果を挙げ、かなり早い時期に、准教授、正教授へと昇任した。私とは研究分野が近接しており、たまには、国際会議の席で会うことがあった。前回会ったときには私の顔を見て、「あなたの髪は、少しだけ、白くなったネ」と言われたことを覚えている。

その日の午前中、コーヒー・ブレークの間に、タイの彼女は何処からともなく姿を現し、再び、私の隣に座った。昨日とは異なる服装である。昼食は昨日と同じように学内のカフェテリアで取ろうとしたが、土曜日のせいか、閉店しているので、やむなく街のピザ屋に入った。そこで注文したチキンナゲットを食べながらしきりと、何かを書いている。日記のようであり、よくは見えないがアルファベットに似ているようであり、違うようでもある。タイ語の中に、一部英語の単語を交えていたのであった。半年ほど前、彼女の両親がオーストリアに来て、インスブルックの雪山で撮った写真が何枚も日記帳に貼り付けてあったので、それらを見せてもらった。

昼食後、これから彼女は、ロイヤル・オンタリオ博物館を見に行くと言う。我々多くの会議参加者には、今日の夕刻にも、昨夕と同じく（二度目の）ポスター展示発表の時間が与えられてい

「あー、天井の上にも恐竜がいる」
ロイヤル・オンタリオ博物館　2012 年 7 月撮影

る。私のポスター番号は九十番、彼女は九十一番で、丁度私の展示ボードの（隣ではなく）裏側に配置されていた。当初の私の行動予定では、博物館見学は翌日となっていた。何か大事なことを忘れているような気がして、しばし躊躇して見せたものの、結局は、彼女に同行することにした。ロイヤル・オンタリオ博物館は、大英博物館やルーブル美術館とは異なり、エジプト、ギリシャ・ローマなど古代文明の収蔵品はごく少なかったが、多数の恐竜の全身化石や鉱物の展示が大変すばらしかった。

トロント大学の会場に戻ると、カルガリー大学のV・バース教授が私を待ち構えていた。彼女と議論を交わすことを約束していたからである。「あなたは、今日の午後、私の口頭発表のとき、会場にいなかったネ」と開口一番に言われた。「私は発表の場で、聴衆の一人から質問を受けたが、その件に関してなら、ポスター九十番のH教授の発表が参考になると答えた」私は、海水中に金や白金が溶解するという新規現象についてポスター展示している。「(悪い仲間に誘われて)博物館に行っていた。その場に居合わせなくて申し訳ない」しかし、それでも議論を進めることができ、最後の「この続きは、翌日、また始めましょう」との彼女の申し出に対し、「実は、明日はナイアガラに行くことになった」と告げると、「それじゃー、電子メールで議論しましょう」と応じてくれた。

私にとっては三度目のナイアガラであった。一度目は三十年前、単身でカルガリー空港から飛んで、モントリオールを基点にした一週間のバス旅行中に、ナイアガラを見た。二度目は、それから五年後にテキサスにいたとき、「新婚旅行」としてニューヨークからレンタカーで来た。これら二回とも、西日を受けたカナダ滝の上には、大きな虹が架かっているのが見えた。しかし、今回は、初めて遊覧船「霧の乙女」号に乗り込み、滝のすぐ近くまで来ることができた。滝の雫がかかるほどに船が接近すると、いきなり前面から強風が沸き起こり、全身を覆った青色ビニール合羽が水浸しになった。

バスの帰り道は、急に大雨となった。ものすごく大粒の雨が、雷の大きな音を伴って降り、バスも動けないほどであった。幸い三十分も経つと、雨は上った。ナイアガラ近くの小さな町で、一時間ほど見物する時間があった。名物と言われるアイスクリームを食べながらその町を歩いていると、突然、三十年前の記憶が蘇ってきた。

「以前ここに来たことがある」あの一週間のバス旅行中、この町でメイプルシロップなどの買物をしていて、不覚にも集合時刻に五分間遅れた。約束事として、罰金五ドルを支払うようフランス系の女性添乗員に要求されたのであったが、私はその支払いを拒否した。当時の私には、五ドルが大変貴重に思えたからであった。「私には今でも、五ドルは貴重よ」と相棒は応じた。

バスの中で、「世界中で、どの街が一番好き?」と彼女は私に尋ねた。「それはやっぱりカルガリーかな。僕が最初に海外で過ごした街だから。君の場合は、ウィーンだろうな。おいしいウィーナコーヒーを入れてくれる優しい彼氏もいることだし」。彼女もそれを、決して否定しなかった。しかし、本当は二人とも「それは絶対にトロントだ。こんなに楽しく有意義な時間が過ごせたのだから」と互いに、確かめ合いたかったに違いない。

四日間にわたるトロントの真夏の物語は、全部夢の中の出来事だったのかも知れません。私はまだ夢の中にいるようです。「霧の乙女」号に乗る前に、長い行列の中で、手を繋いだ老年カップルの真似事をしようとして、きっぱりと拒絶されたことを除いては。


（「青い地球」71号　二〇一三年四月）

老年の俳句・子どもの童話

松ぼっくりとモミの木

故里の　潮の香誘う　庵の松

昔むかしのお話です。広い水平線に、お日さまが傾きかけている頃でした。みんなで海辺の松林を歩いていると、「松ぼっくり」が落ちていました。それは大きな大きな、これまで誰も見たこともないほど大きな松ぼっくりでした。

温かい南の潮風をいっぱい受けながら育った松ぼっくりでした。一番先にそれを見つけたお母さんは、そっと拾って家に持って帰り、大事に小箱の中にしまいました。

小箱の中に入れられた松ぼっくりは、

「早く外に出て、みんなといっしょに遊びたいなあ」

と願いました。そこは、せまくて暗いうえに、一人ぼっちでさみしかったのです。ところが、夏が過ぎ、秋になっても、暗い小箱の中に閉じ込められたままでした。

やがてクリスマスの季節になりました。お父さんは庭に出て、大きな植木鉢に土を入れ、モ

ミの木を植え、クリスマス・ツリーをつくりました。ツリーの飾り付けをしていたとき、お母さんは、海辺の松林で拾ってきた松ぼっくりのことを思い出しました。

このとき、松ぼっくりは、はじめて小箱の中から外に出してもらい、ツリー飾りの一員となりました。松ぼっくりが飾り付けられたのは、お星さまや金色に輝く玉のような目立つ場所ではありませんでした。それでも、雪だるまや靴下と仲良しなり、思わず笑みがこぼれました。

夕方になると、たくさんの小さなライトが点滅《てんめつ》しました。そうするとクリスマス・ツリーがくっきりと浮かびあがりました。このクリスマス・ツリーを見て、近所の子どもたちも大喜びしました。

「あっ、大きな松ぼっくりがある」

と小さな女の子が言いました。

毎年、僕の家の庭にあるモミの木は、クリスマス・ツリーとして飾り付けられました。

「今年こそは、クリスマス・イブに雪が降るといいのになあ」

と松ぼっくりは思いました。

子どもたちは大きくなり、モミの木も力いっぱい枝をのばしました。しかし、そのうち、次第にモミの木の葉が茶色に変わり、ポトリポトリと落ちていくようになりました。根が広がりすぎ、植木鉢いっぱいになったせいでしょうか。お父さんは一生懸命にモミの木の世話をしましたが、とうとう、それ以上世話をすることをあきらめました。枯れ果てたモミの木は、根元からノコギリで切り取られました。

すると、植木鉢の片隅に、小さな松の苗木が育っているではありませんか。モミの木の子どもではありません。

みなさんは、海辺の松林で、お母さんに拾われた松ぼっくりのことを覚えていますか?そう、よく覚えていますね。その松ぼっくりから種が落ち、芽がでて、小さな苗木に育ったのです。

庭の植木鉢で芽を出した松は、次第に太くなりました。松の根は、植木鉢の底をつき破り、力強く育っていきました。長い年月が過ぎ去り、お父さんもお母さんも、誰もいなくなってしまいました。

ある日のことです。突然、地面が大きく揺れ始めました。地震です。それも大地震のようです。大木になっていた松は、自分の体の重みで、地面に倒れかけそうになりましたが何とか、持ちこたえることができました。揺れがおさまりました。すると今度は、ゴーという大きな音と共に、遠く離れた海から、津波が押し寄せて来るではありませんか。

津波は松の木のすぐ近くまで来ましたが、さいわい、目の前で止まりました。しかし、押し寄せた波が引き始めると、近くの家々も何もかもがさらわれていきました。松の木はその様子をだまって見ているほかには、何もすることができませんでした。

それから、また長い年月がたちました。どこからか一羽のカラスが飛んできて、大きな松の枝に止まり、「木の精」に話しかけました。

「おい、海辺の松とやら、ずいぶんと老いぼれたお前さんだが、いったい、ここで何年生きてきたのかね？」

いつの頃からか、この松は「海辺の松」と言い伝えられるようになっていたのでした。

「さあ、ここで何年になるかは覚えていないが、気の遠くなるほど長い長い年月さ。海の近くの松林で生まれ、クリスマス・ツリーのモミの木に飾られ、そのモミの木の下で芽を出して…」

海辺の松は、そう答えるのがやっとでした。そして、静かに息を引き取りました。

「あっ、大きな松ぼっくりがある」

小さな女の子の声が聞こえました。枯れ果てた松の木の根元近くには、松ぼっくりがひとつ落ちていました。それは大きな大きな、これまで誰も見たこともないほど大きな松ぼっくりでした。

（「青い地球」72号　二〇一三年八月）

進化論ダーウィンの生まれ故郷

二〇一三年九月初旬、英国マンチェスターを訪れた。羽田空港を深夜一時に立ち、中継地のフランクフルトからはルフトハンザ機に乗り換え、朝早くマンチェスターに到着した。マンチェスターは、かつて英国の産業革命を牽引した町であり、サッカーのプレミア・リーグ中の最強チームともいわれる、マンチェスター・ユナイテッドの本拠地である。

到着当日の午後からは、さっそく仕事が待ち受けていた。マンチェスター大学で開催される「化学熱力学に関する国際会議」で発表する予定が組まれていたのである。正午に始まった参加登録を済ませ、近くのパブで軽い昼食を取ることにした。店は込み合っていたが、何とか相席を了解してもらいフィシュ&チップスとコーラを注文した。店を切り盛りしている女性が運んできた料理の分量は、私には多すぎるようにも思えたが、味もよく、何とか平らげることができた。

二時頃から全体会議が行われ、それから二つの分科会に分かれた。分科会のうち大きな講義室の方を覗くと、まだ聴衆はまばらであったが、最初の講演者は、すでに演台の上で準備万端の様子であった。よく目を凝らすと、それは見覚えのあるヘブライ大学のY・マーカス教授と分かったので、私は演台に近づき、挨拶もそこそこに、私自身の研究発表の概略を述べ、後で掲示発表(ポスター)を見てもらうことを依頼した。

いわゆるポスター発表を行う前に、三分間ないし五分間程度の短時間ながらも、当該会場一同を対象に口頭発表し、あらかじめ発表内容の要点を知らせておくことがある。幸運にも、今回私には、五分間のショート・プレゼンの機会が与えられていた。この分科会の座長を務めたのは、当マンチェスター大学のジョージ・ミルト教授であったが、大学院生やポストドクなど若手の発表者に対しても、丁寧に質問して、解答を引き出していた。

私は昼食から戻った直後、衝立《ついたて》状の掲示板に、高知から持参した大きなポスターを掲示しておいた。ポスター発表開始時刻を過ぎたので、内容説明のためその場所に出向くと、先ほどのY・マーカス教授が私を待ち構えていた。

私が時間をかけずに一通り説明を済ますと、マーカス教授はいぶかしげに質問をしてきた。「希硝酸には酸化力がないはずだが、酸化力は何処に由来するのか」と最も根本的な問いを投げ掛けてきた。この数年間、私は「希硝酸の酸化力の発現機構」について研究を続けてきたのだが、さらに研究を発展させ、「希硝酸を混合した海水中に純金を溶解させる」ことにも成功し、発表したのであった。

「希硝酸の酸化力は、私が初めて発見した」と返答すると、彼は何も言わずその場を立ち去った。世界的にも有名で、有力者であるマーカス教授と意見交換できたのは大変光栄であった。しかしもう七年前の二〇〇六年には、すでに学術論文として公表していた「希硝酸の酸化力発現」が、まだ世間にはそれほど認知されていないことを、改めて思い知らされた。

マンチェスター大学のジョージ先生傘下の大学院生なども、私の説明を聞きに来てくれた。同じショート・プレゼンの会場にいた仲間たちである。二時間ほどの発表時間の終了間際には、ベルリン工科大学の博士候補生がやって来て、私に質問を浴びせかけてきた。彼は大変まじめな、または、まじめ過ぎるようにも思える学生で、ドイツ人の几帳面な性格を一人で背負っているかの如くであり、時間を超過して延々と議論を交わした。

この国際会議には、二、三百人の参加者がいたが、私の他には、日本人は一人しか参加していなかった。東京近郊のN大学のT教授である。当日の会議終了時間を大幅に越えて会場を出ると、T教授は私を待っていてくれたのか、うまく合流できたので、軽く酒でも飲むことにした。彼は日本酒の化学研究にも関与したことがあり、二〇〇九年発刊の拙書「酒と熟成の化学」を読んだことがあると言った。

昼食を摂った近くのパブで、二人でビールを飲みながら気軽に話をした。彼は北海道の出身であると言う。父親の転勤が多く、子どもの頃には道内を隈なく巡った。稚内市ウエンナイ番外地という集落にも2年間ほど住んだということには驚かされた。しかし今では、冬の北海道に里帰りしたとき、列車を待つ五分間の寒さに耐え切れなくなったと嘆いていた。

翌日午前中も、会議に出席した。T教授と隣合わせになり、パソコンのインターネットを覗いていた彼に、日本のニュースなどを問うと、小笠原近海を震源とした地震があったことを知らされた。午後からシュルーズベリに行くことをT教授に告げ、ホテルに戻り、リュックを担いで、バス・センターに向かった。目的地のシュルーズベリは進化論の提唱者とされるチャールズ・ダーウィンの生まれ故郷である。私は、英国の偉大な科学者の中で、物理学や化学に関するニュートンやファラデーよりも、近年は、生物学や博物学に関連するダーウィンに強く心を惹かれるようになっていた。

チャールズ・ダーウィン像
（英国シュルーズベリ図書館前）　2013年9月撮影

ダーウィンは進化論で有名であるものの、進化論は、決して、チャールズ・ダーウィンが初めて提唱したわけではない。彼の祖父のエラズマス・ダーウィンやフランスの生物学者ラマルクなどは、すでに進化論を唱えていた。チャールズ・ダーウィンは英国軍艦ビーグル号に乗船し、南米を始めとして、主に南半球を通って世界を一周した。途中で上陸した南米の地層研究やガラパゴス諸島に生育する動植物の多様性に対する観察結果などから、後年、自然選択説にもとづく進化論に思い至ることになる。

ダーウィンは、相当長い年月、進化論の公表をためらっていたが、周囲の強い勧めに従い、一八五九年、五十歳のとき「種の起源」を出版する。そして様々な激しい反論をおして、遂には、一般社会にも生物進化を認めさせることに成功したのであった。論証のための長期にわたる研究および深い思考過程、さらにはたゆみない啓蒙活動に、強い感銘を受ける者は多数いるであろうが、私もその中の一分子である。

私の乗ったバスはマンチェスターから一路南下した。バーミンガムで別のバスに乗り換え、今度は西に向かい、夕刻にシュルーズベリに到着した。予約していたホテルは、バス・ターミナルのすぐ近くにあった。酒場であるパブの上階がホテルになっていたが、このような伝統的な形態は、今では少なくなっているという。パブのカウンターで宿泊代を前払いして、部屋を案内してもらった。ガラスの窓越しに外を覗くと、全くの青空と、十一世紀から続くシュルーズベリ城の城壁が迫って見えた。日没まではまだ時間がありそうだったので、その辺を見て歩くことにした。すぐ近くの図書館前には、ダーウィンの大きな銅像があった。

夕食はファースト・フードで済ませたが、ハンバーガーと大量のフライドポテトで思いっきり満腹になり、ホテルに戻った。階上の部屋に戻る前に、一階のパブでビールを一杯注文した。ホテルにチェック・インしたとき、入り口のドアに「本日は予約で満席」と書いた紙が貼り付けられていた。尋ねてみると今晩は二十人ほどの団体客が来るが、宿泊客はＯＫであるとのことを確認しておいた。

英国の生ビールは日本のビールよりも多少雑味があり、一人で呑んでいて、もてあまし気味になりかけていた。店の中を見渡すと、大勢の年配の人たちが、にぎやかにビールを飲んだり、料理を食べていたりしていたが、そろそろ引き上げる頃かなと思わせる雰囲気であった。

すると七十歳くらいの女性が、足もとを気にしながら、私のテーブルの方に近づいてきた。私が席を勧めると、椅子に腰を掛け「あなたは、川の所だったかで、写真を撮っていましたね」と話しかけてきた。写真と言えば､私はホテル四階の窓越しの城壁を皮切りに､図書館前のダーウィン像､旧市街､博物館&美術館などをカメラに納めていた｡川のほとりというのは､フラワーショーの会場にもなる公園から、セバーン川に歩道橋が掛かる辺りで、手指を使って被写体の構図を決める格好をしていたときのことに違いない。

シュルーズベリは歴史的な古都ではあるが、多数の観光客はもちろんのこと、住民にも年配者だけでなく、学生風の若者、乳母車の赤ん坊も多く、町全体に活気が溢れていた。そういえば、広い公園内を歩く何組かの老年のカップルを見かけたことを思い出した。

落ち着きを取り戻しながら、老年の女性を見ると、往年のサッチャー首相によく似た顔立ちで、話す英語も気品高く感じられた。ご亭主はダーウィン研究で学位を取り、彼女自身は化学が好きだと言う。ナノメートル・サイズの炭素化合物に興味を持っているなどと話していた。私と言えば、純金を溶解させる「王水」の話で対抗した。彼女はさらに、ロンドン近くのケント州に行けば、ダーウィンの邸宅であるダウン・ハウスの小道を辿ることができると教えてくれた。

翌日も晴天で、一日中、シュルーズベリの街を歩き回った。しかし次の日は雨模様に変わり、冬のような寒さの中、マンチェスターに戻った。

羽田空港
「2020年東京オリンピック決定」の掲示
2013年9月撮影

日本への復路もフランクフルト経由であった。夕刻、全日空機に乗る前に、行列中の誰かが「オリンピック、東京！」と声に出したようであった。あわてて後方の大型テレビに目をやったが、すでに、次のニュースに変っていた。九月八日の日曜日夕刻、羽田空港には、「二〇二〇年東京オリンピック決定」の大きな垂れ幕が何枚も飾られていた。

（「青い地球」73号　二〇一四年一月）

アメリカの昔話

ブルーボンネット物語

昔むかし、アメリカで、インディアンたちは畑を耕したり、狩りをしたりして平和に暮らしていました。

ブルーボンネットの花　https://www.google.co.jp/search?q=ブルーボンネット

ところが、ある年、長い日照りが続きました。広い大地は乾き、畑の土も赤茶けて、ひび割れてしまいました。村の人々はみんな広場に集まって、雨乞いの踊りをしました。しかし、空はカンカン照りが続くばかりでした。

その村に、ひとりの美しい女の子が住んでいました。病気のおじいさんのために残してあった水も、とうとう最後の一滴となってしまいました。

夕方、少女は家を出て、ひとりで丘のうえに登って行きました。そして、自分が一番大事にしていた人形を燃やしたのです。すると、煙は高く、天まで上がって行きました。

次の日、大地に雨の恵みがありました。見ると、あたり一面は、ブルーボンネットの花に埋めつくされていました。

それから毎年、春になると美しいブルーボンネットの花が咲くようになりました。そして、今でも、人々はこの美しい花を大切にしているということです。

（テキサス州カレッジ・ステーションの市民ボランティア英会話教材から）

（「青い地球」74号　二〇一四年四月）

創作歴史物語

苦悩する三成と淀城の奇跡

その日、京・聚楽第で、石田三成は関白秀吉のただならぬ気配を感じ取っていた。やっと秋風が立ち始めていた頃であった。「三成、わしに付いて参れ」。秀吉は続けて、「他に供はいらぬ。そちだけでよい」と言った。長年連れ添った「ねね」や側室茶々をはじめ周りの者は、一瞬、顔を見合わせた。

秀吉は、利休の茶室とは異なる方向に歩み、ひっそりとした一週にある東屋の腰掛に腰を降ろした。茅葺き屋根の香りがほのかに漂ってきた。三成は、すかさず、秀吉の額に滲んだわずかな汗を拭おうとしたが、秀吉はそれを手で制し、神妙ともいえる顔つきで尋ねた。

「三成、このわしに世継が出来ぬのは、なぜじゃ」

「恐れながら、お世継なら秀次様もおられます」

「わしが申しておるのは、そのようなことではない。甥の秀次ではなく、実の子が欲しいのじゃ」

「関白殿下には、茶々様がおいでになられます。必ずや、信長様の血筋までお引き遊ばされる立派なお子がお生まれになるはずにございます」

子沢山の徳川家康とは対照的に、豊臣秀吉と正室ねねとの間には、子宝が授からず、あまたの側室との間にも、確とした子が生まれてこなかったことを、秀吉ならずとも三成は、無論、よく承知していた。

「この年寄りの励み方が足りぬとでも申すのか」と秀吉は、すでに機嫌を損ねかけてはいたが、それに何とか耐えようとしていた。三成は、「明・朝鮮の生薬はさておき、近日、南蛮渡来の妙薬が手に入ると、堺の商人が申していたと心得ております」との言葉を喉の奥に押し戻した。

数年前のあの日、例年にも増して、慢珠沙華の花が咲き誇っていたのが思い出された。一度目は、結局失敗に終わってしまったことになる。茶々様がお産みになった若君「鶴松」は、ほどなく亡くなったからである。

現代医学で言う、不妊治療またはそれに代る画期的な方策を天才三成は考案した。と言うよりも、何が何でも、手を打たざるを得ない窮地に自分が追い込まれていると、三成は覚悟していた。大変危険な賭けでもあった。

一度目は、郷里の長浜から一人の小姓を呼び寄せた。和歌をよくたしなみ、女言葉を巧みに操る小姓には、「ひそかに奥に偲び入り、さる公家に仕える女房の夜伽《よとぎ》をせよ」と申し付けた。一方、茶々様に対しては、特段の説明を必要としなかった。しかし、秀吉のために搾り出した秘策とは言え、直ちにその小姓を処分せざるを得なかったことが、三成には罪深いものとなった。小姓の亡骸は密かながらも手厚く葬られた。

今や、茶々様のために造営された淀城で、秀吉の役を密かに三成自身が務めている。三成は秀吉そのものであった。あるいは、秀吉の思いを一身に受け止め、秀吉と一体化していた。今は淀殿と呼ばれるようになっている茶々には、幼いころの記憶が甦えってきた。秀吉の背中に負われながら眺めた、北近江・小谷城の燃え落ちるあの赤い炎の中にいた。

茶々は織田信長の妹、市と浅井《あざい》長政の間に生まれた三姉妹の長女である。やがて長政は信長と決裂することになり、ついに敗北した。秀吉は、市と三姉妹の救出に向かい、見事に使命を果たしたのであった。

太閤秀吉は、幼い世継の秀頼を残したまま亡くなった。それからわずか二年後に起きた関ケ原の戦いで、三成はよく戦った。多くの武将たちが、お家の安泰を優先し、次々と東軍家康に寝返る中、三成はひたすら、豊臣家の存続、淀と秀頼の安寧だけを願っていた。

戦いに敗れ、再起を期した三成であったが、敗走中の山中で捕えられ、京の六条河原で最期の時を迎えようとしていた。

「バテレンの神の使いと申す者は、聖母とやらから生まれてきたそうじゃが、そちはどう心得えおるか」。あの日、秀吉から発せられた言葉は神の声であり、決して夢の中から聞こえたものではなかったはずである。その神の声を信じた三成はよく務めた。そして、秀吉にも気付かれることなく事を成した。

………………………………………………

三成は、常に、物事を深く考え抜いた。そこが、福島正則、加藤清正など勇猛果敢な武将や、単なる豊臣恩顧の諸大名とは明らかに異なる点であった。自分の最期が、豊臣の最期に繋がることを、誰よりも知り尽くしていた。徳川の勢力はあまりにも強大であった。

しかし、突如として、それは三成が首筋あたりに鋭い風の流れを感じ取った瞬間であった。そのとき三成自身の確信そのものが、全くの錯覚に過ぎなかったとの淡い思いが芽生えた。その思いは一瞬にして、三成の真っ赤に染まった瞼の中で、大きな希望へと膨張した。そして、この希望こそが、散りゆく三成の絶望をかろうじて救った唯一のものとなった。

(「青い地球」74号　二〇一四年四月)

老人と子どものための童話

ホタルのともしび

昔むかしのお話です。春が終わり、あたりにホタルが飛び交う季節になりました。川原の草むらの陰で、ホタルの明るい光が、点滅しています。あー、ホタルが川の流れを渡って、遠くまで飛んでいきます。どこまで飛んでいくのでしょう。「ボクの家の庭まで、飛んでいって欲しいな」と思いました。

この小川近くの家に引っ越してきて、間もない頃でした。お父さんは、夕食後、よく川べりを散歩しました。ホタルが出そうな時期になると、毎晩のように出掛けて行きました。そして家に帰ってくると「まだホタルは出ていなかった」とか、「今日は、三匹見つけた」とか、「十匹ぐらいになった」とか家族みんなに報告しました。

子どもたちが一緒に行くと、ホタルはもっともっとたくさん見つかりました。それはもう、数えきれないくらい、たくさんのホタルが飛びかっていたのでした。子どもたちもホタル狩りが面白くなり、夜になると、毎日のようにお父さんに連れて行ってもらうようせがみました。それは、ホタルの季節が終わっても続きました。

「今晩は、もうホタルは出てないよ」とお父さんは言うのですが、子どもたちは言うことを聞きません。いっしょに夜道を歩いていると、

「あっ、ホタル」と後ろで子どもたちの声がします。川原の草むらではなく、コンクリートの道端で、一匹のホタルが弱々しく光っていました。


それから長い年月がたちました。お父さんは年を取り、おじいさんになりました。おじいさんは、おばあさんに手を引いてもらい、川べりまで来ていました。川の上流からは肌寒い北風が吹いていました。

「おばあさんや、ホタルは何匹見えるかね」とおじいさんは言いました。おじいさんは、目が見えなくなっていました。

「おじいさん、今日は、ホタルがたくさん飛んでいますよ」とおばあさんは答えました。

「やっぱりそうか」とおじいさんはつぶやきました。

おじいさんのまぶたの裏には、ホタルの乱舞する情景だけが、思い浮かびました。おじいさんは、本当にホタルを大事に思い、周りの人からは「ホタルおじさん」とまで呼ばれていたほどだったのです。しかし、今では、その頃のことも何もかも、ほとんど分からなくなっていた

のです。

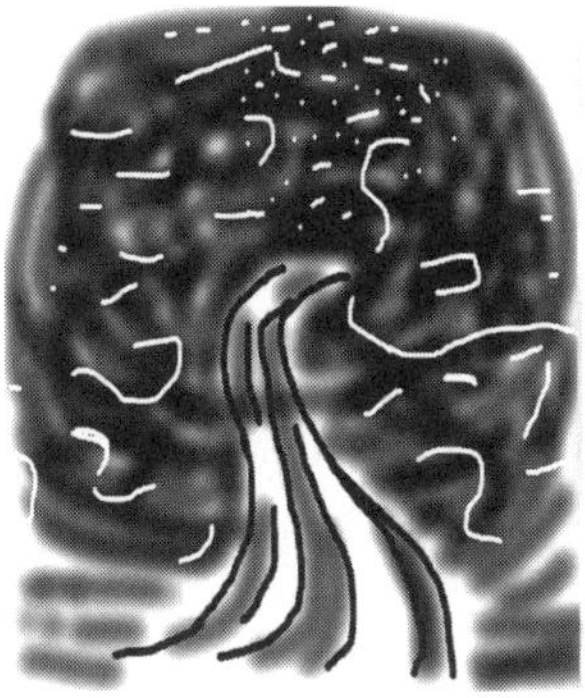

おじいさんはもう歩くことも出来なくなり、病院のベッドに横たわっていました。おじいさんは弱った身体に、渾身《こんしん》の力を込めて声にしました。
「おばあさん、ホタル…」
おばあさんは、目にいっぱい涙をためながら「今日は、たくさん飛んでいますよ」と答えました。
「やっぱりそうか」という聞こえない言葉が、おじいさんの最期の言葉でした。

（「青い地球」75号　二〇一四年九月）

「鳥の巣」と卵の中のヒナ

「バタ、バタッ」という鳥の羽音が聞こえた。あれは、九月十日過ぎ、山口の出張から戻ってきたばかりの頃であった。山口には一週間滞在した。仕事の合間を縫って、サビエル記念聖堂や瑠璃光寺の五重塔などを訪ねたが、その非日常的な余韻が残っていた。

自宅の居間から羽音の方に目をやると、庭の藤棚の下あたりで、鳥の飛ぶ影が見えた。ひょっととすると、キジバトが巣作りを始めているのかも知れなかった。以前にもキジバトが庭の高木に巣を作り、子育てをしたことがあった。そのときは、人の目の届かない高い場所だったので、ヒナがうまく巣立ったかどうかを確かめることができなかった。しかし、今度は、手の届くほどの高さしかない藤棚での巣作りである。

二、三日もしないうちに、居間の遮光カーテンを開けて、何気なく外を見ると、親鳥が卵を抱いている姿が目に入った。これだけ間近で、卵を温める親鳥を見たことはなかったので、むしろ、此方がたじろいだほどであった。

鳥類は外敵などの目をあざむくように営巣するので、巣がすぐそこにあっても、人目にはつかないのが普通である。今度のキジバトの巣も、庭に出て眺めてみると、藤の枯れ葉や枝などに隠れて、どの角度からも見えないようにできていた。すでにその場所が特定できているにも拘わらず、うまくカムフラージュされているのである。しかし、賢明なはずの鳥にも、死角があったのか。家の住人が遮光カーテンを開けて外を見るのを、この親鳥は知らなかったのだろうか。

妻は、私からキジバトの営巣の場所を聞き出し、「親鳥の目と目が合った」と得意そうに語ったので、少し不安を感じた私は、「できるだけ見ないように、そっとしておくように」と妻に伝えた。その私が覗きみると、親鳥はまるで、スコットランド・ネス湖のネッシーのように、首をもたげたまま、じっと座っていた。

小笠原諸島の方から回り込んできた台風15号と16号が近づき、風雨が強くなってきた。それでも、親鳥ネッシーは、ひたすら卵を抱き続けているように見えた。

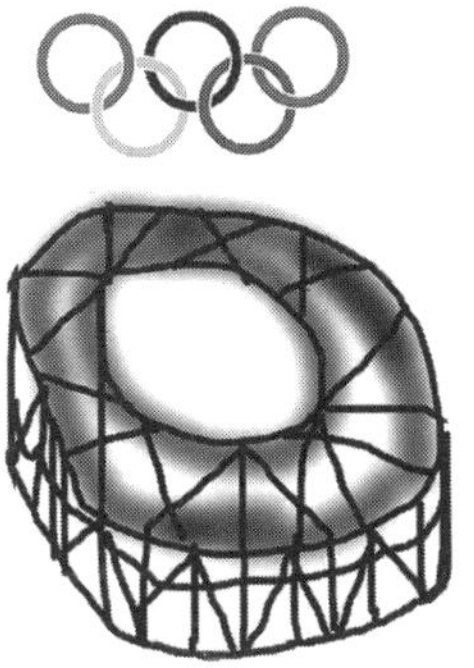

鳥の卵と言えば、二〇〇九年十一月に、中国南京を訪れたときの出来事が思い起こされた。古都の南京には、珍しい食べ物が多い。地元の人の話では、あの北京ダックの発祥の地は、北京ではなく南京であるとのことである。昼食時の歓迎会の席上で、その名物北京ダックを、かなり満腹にも拘わらず繰り返し

勧められたものであった。そのせいかどうかは定かではないが、今年八月に、初めて訪れた北京では、二〇〇八年開催のオリンピック会場「鳥の巣」近くのホテルで、ふんだんに用意されていた北京ダックを、食べたいとは思わなかった。

南京において、昼食時ばかりでなく夕刻にも開催された歓迎会のテーブルには、次から次へと色々な種類の料理が運び込まれてきた。新しい料理が運び込まれるたびに、まだうら若い女性の係員がよく透き通った声で口上を述べた。幸い、私の隣には、地元南京出身で、日本の大学で学び、その大学の教授にまでなり、その後中国に帰国されてきた方がおられたので、時々、その口上を日本語で聞くことができた。

そのうち、客人一人ひとりに、鳥の卵のようなものが配られてきた。生卵か茹卵であろうが、中国では生卵を食べないと聞いていたので、私はアヒルかニワトリの茹卵であろうと判断を下していた。しかし、説明では、卵の中からヒナが出てくるとのことであった。周りの人に食べ方を習った。まず、卵に小さな穴を開け、ストローで中の汁を吸い取った後に、中身を取り出し食べるのである。私も試してみたが、中の汁は少し味がついているようで、殻を割ると中から本当にヒナが出てきた。私は、「毒を食らわば皿まで」の「格言」を頭に思い浮かべながら、口に入れたが、翼の部分なども噛み切れないほど硬いものではなかった。皿までとはいかなかったものの、中身は何とか残らず食べ尽くすことができた。お隣の中国人の教授は、卵には手をつけていなかったので、私が少し訝ってみせると、「これは自宅に持って帰ります」と日本語で言い訳をしていた。

なぜ私は、隣人とは異なり、孵化直前のニワトリの卵を「平気」で食べることができたのであろうか。市販のニワトリの卵は、無精卵であり、孵卵器に入れておいてもヒナに変わることはないのは当たり前である。しかし、時々、有精卵が手に入ることもある。この生卵と孵化直前の卵の間には、化学元素のレベルで、何か差はあるだろうか。

卵の中身は、卵白と卵黄でできており、それぞれ、タンパク質と脂肪が主成分である。これらは主に炭素（C）、水素（H）、酸素（O）を基にして、窒素（N）、硫黄（S）などから構成されており、他にナトリウム（Na）やカルシウム（Ca）などが含まれている。卵は殻の細孔を通して呼吸をするため、わずかな変動はあるだろうが、卵からヒナへの発生の過程が進行しても、生卵の化学元素成分はずっと元のままである。このように考え直すことによって、私は孵化直前のニワトリの卵を「平気」で食べることができたのである。


キジバトの巣作りに気づいてから一ヶ月が経った。ニワトリの卵なら二十一日目に孵化すると、昔、理科の授業で習ったように覚えていた。できるだけ、巣には近づかないよう心がけ、また、居間のカーテンの隙間から巣を覗くことも控えてきた。また、庭木の手入れもしないまま放置しておいたが、さすがに忍耐の限度を越えた。

十月九日、私は、そっと巣の方を覗いて見た。すると、親鳥ネッシーの姿は何処にも見当たらなかった。そのことを妻に伝え、妻もすぐに確認をした。親鳥が抱いていた卵がどうなったのかが気懸りであった。

庭に出た妻は、藤棚の然るべき位置に、鳥の巣を見つけた。巣には何も残っていなかった。藤棚から巣を掴み出してみると、それはあまりにも簡素なあるいは貧弱な造作であった。よく見入ると、巣の材料となった枯れ草には、産毛のような鳥の羽が絡んで残っていた。藤棚の下を探してみると、産毛が少し生えかかったヒナ鳥が二羽、落ちて死んでいた。このような間に合わせの巣作りしかしなかった親鳥をうらんでもみたが、それは、仕方のないことに過ぎなかった。

翌日十日は体育の日であった。私は、延びきった藤の蔓を剪定鋏で切り取った。いつもの平穏な休日であった。（二〇一一年十月）

（「青い地球」76号　二〇一五年一月）

子どもと大人のための童話

王様のご褒美《ほうび》はだれの手に

昔むかしのお話です。あるところに、動物たちの国がありました。

ある日のこと、王様から大事なお話があるというので、みんなは広場に集まりました。

「えっへん、みなの者、今日はよく集まってくれた」と王様はゆっくりと話しを始めました。

「この国を一番幸せにすることを考えついた者に、褒美《ほうび》をやることにしたい。そのコンクールは、今度の復活祭の日に開く」

このようにして、動物王国が幸福になることを思いついた者は、王様からご褒美《ほうび》がもらえることになったのです。

そして、待ちに待ったその日がきました。広場には、真新しい舞台が作られており、高いポールに動物王国の旗がひらめいていました。まず、カラスが王国歌を独唱しました。コンクールには三名が出場すると、アナウンスされました。

最初に、タキシード姿のキツネが登場しました。ずる賢いと思われているキツネはいつもとは違い、つつしみ深そうな顔をして言いました。

「みなさん、木の葉を一枚ずつ私のところに持ってきてください。みなさんを幸せにしてみせます」

広場に集まった動物たちは木の葉を一枚ずつ持ってキツネのもとに行こうとしました。最初に木の葉を壇上に届けたのは、すばしこいリスでした。リスはいつも木の葉をくわえていたからです。

リスから木の葉を受け取ると、キツネはその上にハンカチを置き、何か呪文を唱えました。そしてハンカチを取ると、なんと木の葉は「おさつ」に変わっているではありませんか。このようにして、キツネは木の葉を次々と「おさつ」に変えていきました。ナマケモノが持ってきた最後の木の葉も、無事に「おさつ」に変わりました。

これで欲しい物が何でも買えると、みんな大喜びしました。しかし、王様だけは、決して大喜びしませんでした。

二番目に登場したのは、クジャクでした。

「みなさん、これから昼間の花火をごらんにいれます」とだけ言って、クジャクは細い首を伸ばして、横の方に目をやりました。

舞台の横には、何か大事な物がかくされているようでした。木々の枝葉の覆《おお》いを取り払うと、そこからは巨大な弓矢のようなものが出てきました。長い矢は空の上に向かっており、その先には小さな台座が取り付けてありました。クジャクは涼しい顔をして、その台座の上に跳び移りました。

大きな弓のような装置を、仲間みんなで引っ張り、そして一斉に手を離しました。すると、クジャクの乗った台座は、空に押上られました。その勢いで、くちばしを真上に向けたクジャクは青空高く舞い上がっていきました。そして、一番高く上がったところで、パッと羽根を拡げました。そうすると見事な花火のように見えました。

明るい昼間に、このような美しい花火を見たことは、一度もなかったので、みんな大喜びしました。しかし、王様だけは、決して大喜びしませんでした。

三番目に登場したのは、古ぼけた白衣をまとったヤギでした。ヤギは長いあごひげをなでながら、独り言のように言いました。

「私は、長年苦労して研究を続けてきました。そしてついに、だれもが長生きできる薬を発明しました。…その薬はこのフラスコの中です」

ヤギの言うことが聞き取りにくかったので、あちこちでざわめきが起こりました。すると、年老いたヤギはしゃがれ声で力いっぱい叫びました。

「ご褒美《ほうび》をもらうのは、この私です」

フラスコの中にはドロドロとした黒い液体が入っていました。ちょっと気味が悪そうでしたが、だれもが長生きできる薬だと知って、みんな大喜びしました。しかし、王様だけは、決して大喜びしませんでした。
このコンクールには、キツネとクジャクとヤギが出場しました。発表されたものは、どれもがすばらしい出来栄えのように思われ、王様以外はみんな大喜びしました。
「さて、みなさん、三名のうち、一体だれが王様からのご褒美《ほうび》を手にしたと思われますか？」
残念ながら、その答えは今に伝わってはいません。記録が残っていないからです。しかし、このお話を読んだ人が、それぞれによく考えてから、答えを出してみてはいかがでしょうか。そして友だちみんなで話し合ってみましょう。

（「青い地球」77号　二〇一五年四月）

世界のUMAMI（旨味）と日本固有の文化

「外国には、日本のような紅葉がない」。中学か高校生の頃だったろうか、私より一学年上の兄がこのようなことを得意になって語っていたことを思い出す。何かの本か雑誌に掲載されていた物書きの記事でも読んで、新知識を弟たちに聞かせてくれたのだろう。日本国内なら各地で、秋には赤や黄色の鮮やかな紅葉を見ることができる。外国には、日本のような紅葉がないとの「新知識」を得ながら、私は心の中にわだかまりを覚えた。熱帯のジャングルには、紅葉などあるはずもないが、温帯地域なら美しい紅葉があっても良いのにとの思いが私の心に残った。

一九六四年、中学一年生のとき、東京オリンピックが開催された。もちろんテレビ放映もあったが、学校の先生方の何人かが東京まで出かけて行き、開会式などの様子を写真に収め、生徒たちに直の感動を伝えてくれた。諸外国の動向には縁遠い片田舎の出来事であった。

ところで朝食といえば、ジャムやバターを塗ったトーストパンとコーヒーが定番だが、近頃、我が家では、焼きおむすびがよく供される。米飯のおむすびをフライパンなどの上で加熱し、焦げ目を付け、醤油を垂らしたものである。昔風に釜で米を炊くと、自然にお焦げができるものだが、高級な電気炊飯器には、わざわざ焦げを付けるものがあるという。焼きおむすびの焦げも日本茶とよく合い、ほどよい朝食となる。

ある朝、食卓に出された焼きおむすびを一口かじると、いつもとは違う甘みが感じられた。早速、妻に尋ねると、九州産の甘口醤油を使ったとのことである。その醤油の容器の裏側には、砂糖やブドウ糖、果糖などの糖類が添加されているとの表示があった。食べ物に甘み成分が添加されると、おいしさ、うまさが増強する。人類を含め動物の脳は、ブドウ糖などの糖をエネルギー源としているので、糖分が口から摂取されたとき、「よし」との信号が発令されるのであろう。薄口醤油が主流の近畿圏では、味醂《みりん》を使って煮物などの味を調整することが多いが、味醂に含まれる多量の糖分による効果を活用しているに違いない。

フランス料理でも、（必ず）砂糖を加えて、味にまろやかさを出すそうである。以前、ヨーロッパからの帰国便で隣合わせになったフランス料理の若い日本人コックが語ってくれた。中華料理の炒め物をする大きな鍋にも、化学調味料の他に、大杓子で掬われた適当量の砂糖が「無造作に」放り込まれているのを、学生の頃、晩飯の屋台でよく目にした。

英語の「Sweet スイート」は、「甘い」と「旨い」の両方の意味を持つ。このようなことから、英米人は日本人が感じ取る「旨い」との感覚がないのではと考え、さらには、「旨味」という日本語をもつ日本人だけが「旨味」を感じることができるとまで主張されることがある。ともあれ、UMAMI（旨味）は Tsunami（津波）と同様に、学術用語として世界で認知されつつあるという。

一九〇八年（明治四十一年）、化学者の池田菊苗は、昆布の出汁《だし》から、旨味成分であるアミノ酸の一種、グルタミン酸をグルタミン酸ナトリウム塩として取り出した。「味の素」誕生の瞬間である。池田菊苗は一八六四年に京都で生まれ、大阪で育った。

江戸幕府の最末期の一八六六年、長崎に創設された「分析究理所」にオランダ人の化学者K. W. ハラタマが着任した。ここで分析とは化学を、究理は物理を意味し、分析究理所とは、現代風に言い直すと理化学校であり、日本で初めての組織的な理化学校であった。しかし、学生たちの多くは医学を志す者たちであり、理化学教育の実を上げるためには、お膝元の江戸に移すことが必要であった。

池田菊苗教授
東京大学理学部化学教室所蔵

江戸の新校舎ができ上がる前に、維新の混乱となり、計画は立ち消えとなった。そこで明治政府は、日本の洋学の再生を図るべく、大阪に舎密局（せいみきょく＝化学局）を新設し、ハラタマを迎えた。この舎密局でハラタマの助手を務めていた村橋次郎に化学実験の手ほどきを受けた若き青年が池田菊苗であった。

池田は東京に行き、帝国大学理科大学化学科を卒業し、ドイツやイギリスに留学して研鑽を積み、一九〇一年（明

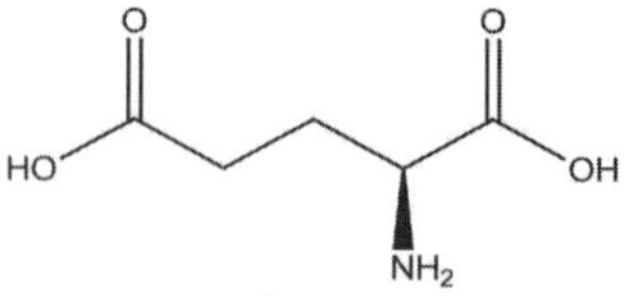

グルタミン酸

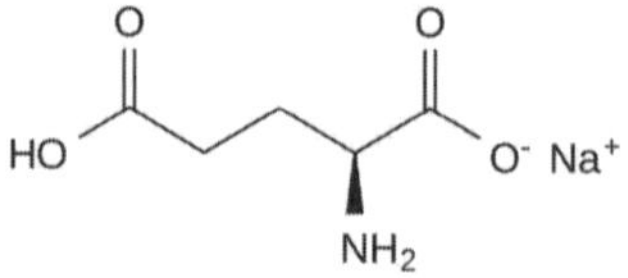

グルタミン酸ナトリウム

治三十四年）に帰国すると、（名称変更した）東京帝国大学の教授となった。ドイツのライプチィヒ大学のオストワルドに学んだ池田の専門は物理化学であった。専門領域のコロイド化学を研究しながらも、旨味の本質を解明する研究に取りかかった。留学中、和食とは遠く懸け離れた脂ぎった食事をしながら、懐かしいあの昆布だしのお吸い物の「おいしさの原因を究明してみせるぞ」と心に誓っていたのだろうか。

食べ物の味の要素として、「甘味、塩味、酸味、苦味」の他に渋みや辛味があるが、これらとは別に、独立して「旨味」の元があるはずで考えたのである。池田が昆布出汁から取り出した物質は、結局、当時すでに西洋の文献に記載されていた、肉汁からの抽出物であるグルタミン酸と同じものであることが分かった。文献との大きな違いといえば、「酸」であるか「塩」であるかであり、例えば、酢酸であるか酢酸ナトリウムであるかの違いである。グルタミン酸自身は酸であるので、水に溶かすと酸味が強く、むしろ「まずい」とさえ感じるかも知れないが、グルタミン酸ナトリウムは酸性を失っており、旨味を感じるのである。

地中海沿岸では、肉料理のほかに海産物の料理も好まれる。南フランスのマルセイユでは、カサゴ（関西地方の「がしら」、「ほご」）をまるごと煮出したブイヤベースのスープが名物料理となっている。西洋人は決して肉汁や魚の煮汁の味を感じないのではない。むしろ、豊富な動物性タンパク質からのアミノ酸類の味をごく自然のこと、または当然のこととして享受しているのではないだろうか。

ドイツから帰国した池田菊苗は、和食に欠かせない昆布出汁の旨み成分を抽出・分析した。そして、その物質を特定してみると、意外にも簡単な物質であった。西洋の肉汁の中から取り出されていた比較的簡単なアミノ酸と同じ成分であったのだ。このとき、池田は何を思っただろうか。「ついに旨味の根源を発見した！」だったのだろうか、それとも「味の世界に国境はない」だったのだろうか。あるいは、このような結末を、あらかじめ予想さえしていたのだろうか。想像の翼はどこまでも広がって行く。

雨上がりの空にかかる美しい虹は、太陽光が細かい雨粒により様々な色に分光されたものである。日本語では虹を七色に分類するが、英語圏では、通常、六色で表現する。英米人は、七色のうち一色を認識できない色盲なのであろうか。いや、そのようなことは有り得ない。ある色、例えば、日本語の紫色がカバーする色の範囲が、英語のバイオレットやパープルによる色調と完全には一致していないだけのことである。

私はこれまで長年にわたり化学研究を生業としてきた。個別には異なって見える多数の化学反応

（現象）に横たわる共通の（隠れた）要素を見出すことが主な仕事であった。もちろん、個々の特異性はその特性として明確に認識されなければならないのは当然である。しかし、あからさまに目に入る個々の特性の違いを強調することよりも、水面下に隠された共通の要素（原理）を見出していく過程の方が、断然重要であると思われ、また、私には何物にも換え難い魅力でもあった。

こうした研究の流れの中で、「酒の熟成現象」を解明する研究にも携わった。これまでは時間経過が全てであると考えられていた、「酒の熟成現象」は意外にも、獲得された有機酸やポリフェノール等の為せる技であるとの結論に到達することができた。

「外国には、日本のような紅葉がない」と聞かされた私は、後年、外国から帰国した人を見つけると、海外での秋の紅葉の状況についてよく質問したものである。「アメリカにも紅葉はあるが、日本ほど色鮮やかではない」との答えが最も標準的であった。二〇一三年十一月に、私は中国安徽省にある黄山に登る機会を得た。山水画にもよく描かれ、「黄山に登らずして、山に登ったというなかれ」と言われるほど有名な山である。その山裾までたどり行く長い道のりでも、また、巨大な岩山である黄山登山の途中でも、「日本で見るような色鮮やかな紅葉」に出くわすことはなかった。

（「青い地球」78号　二〇一五年八月）

夏のバウムクーヘン

今回の旅は、いつになく「調子が悪いな」との感触で始まった。二〇一五年五月三十日土曜日、フランス国境に近いドイツ南西部の山小屋（ホテル）での国際ワークショップに参加するために、フランクフルト空港に降り立った。空港の地下駅から列車に乗りフランクフルト市内の中央駅まで行くと、その晩の宿泊ホテルはすぐそこにあるはずであった。日本の旅行代理店推奨の四つ星ホテルにしては、クーポン代金の支払いにかなりの割安感があった。

フランクフルト中央駅からすぐ近くのホテルであることをインターネットで確かめ、印刷した概略地図を持参していた。下着類がぎっしりと詰まった「サムソナイト」を、引きずりながら、ホテルを目指した。途中、駅前の道路が込み入っているようであったが、手持ちの簡単な地図からは、うまく読み取れなかった。幸い、近くに旅行者案内所があったので、念のため確かめると、裏手の道筋にあるという。そこで地図をもらえばよかったのだが、四つ星ホテルという先入観にも惑わされたのかも知れない。他のホテルの大きな看板はいくらでも目に入るのに、目的のホテルの看板はどこにも見当たらなかった。途中で何度も英語で道を尋ねてみたが、要領を得なかった。

ついにタクシーが見つかり、ホテルまでの乗車を頼むと、あまりにも近くであったが心よく乗せてくれた。車道を大回りして、やっとたどり着いたホテルには、看板表示はなく、入り口の窓ガラスに小さくホテル名を記しただけの比較的簡素な造りであった。運転手に料金の四ユーロを渡した。

翌朝の十時前、フランクルト中央駅で、カールスルーエ行きの列車を待っていた。日本では、梅雨前の晴天続きであったが、この駅のプラットホームで待つ人々のほとんどは、まだ冬支度であった。私は、夏向きスーツをまとっていたので、心細くなり、寒さが増した。

列車に乗ると、一時間で、人口三十万人ほどのカールスルーエに到着した。最終目的地は、ここから更に四十五分ぐらい先にあるバート・ヘレナルプであり、夕刻には山小屋で「交歓会」が開催される。しかし、天気も良くなり、時間もまだたっぷりあるので、カールスルーエ城を見学することにした。荷物はコインロッカーに預け、駅前の旅行者案内所で尋ねると、市内トラム電車を利用すると良いとのことであった。

カールスルーエには、ドイツの原子力研究所の拠点があったが、その研究所と工科大学が統合して、新しい教育・研究機関になっているという。私は、数年前から始めた希硝酸を用いる純金の溶解に関する研究を展開して、ステンレス・スチールの腐食現象を研究している。日本の原子力研究開発機構と共同研究が本格的に始まったので、カールスルーエの研究所についても、いくばくかの知識をもつようになった。この工科大学では、かつてアンモニア合成でノーベル賞を受賞したフリッツ・ハーバーが教授を務めていたことも知っていた。

地図を見ると、大学はカールスルーエ城に近接していた。カールスルーエ城は、現在、州立博物館になっているが、一七一五年にバーデン辺境伯カール・ヴィルヘルムがパリのベルサイユ宮殿を模して建設したものである。駅への復路には、トラムを使わず、徒歩にしたので、三十分近くかかった。

腕時計を見ると二時になっていた。駅構内の「サブウェイ」でサンドイッチとコーラの昼食を取った。今朝のホテルのバイキングには、四つ星のせいか、良質のハムなどの肉類、豊富な野菜果物、パン類の他に、ワカメ入りの味噌スープもあった。米飯は細長のインディカ米ではあったが、脇にあったカレーを見つけたので、それも合わせて食べていた。

いよいよ、最終目的地のバート・ヘレナルプに向かわなくてはならない。駅で乗車券を買うと、様子がおかしかった。出発駅は、カールスルーエ中央駅ではなく、どうも駅から離れた所のようである。乗車券販売の駅員に、時刻表を印刷してもらい、さらに説明を要請した。徒歩では五分間程度の距離であることは分かった。その場で打ち出してもらった説明書には、中央駅前から出るトラムS１に乗り、一分間程度で降車し、そこから一〇〇メートル離れた所に、郊外行き電車駅（停留所）があると、ドイツ語で記されているようである。

概略はつかめたが、郊外行き電車駅の場所が、特定できない。中央駅構内の鉄道案内所に行ってみると、二人の女性係員がいた。年配の係員の前を通り過ぎると、二十歳代と思われるかなり美人の係員の前に来ていた。私は、バート・ヘレナルプ行きが出発する駅の場所を知りたかった。ところが、その若い係員の顔色が急に変わったのが、はっきり見て取れた。怒りに満ちているのである。私は、更に英語で尋ねた。駅の位置を地図で教えて欲しいと。彼女は、意味を取り違えたのか、「そんなところは、その小さな地図に載っていない」と言い放った。

仕方なく私は、駅前のトラムS1乗り場に行った。電車が来るのを待っていると、うまい具合に、向こう側のタクシー乗り場が見えた。その方に向かおうとすると、スーツケースの車輪がトラムの軌道の隙間に絡まった。タクシーの運転手に、バート・ヘレナルプ行きの説明書を見せ、出発駅まで行ってくれるよう頼んだ。タクシーは動き出した。運転手は、肌色が浅黒く、生粋のドイツ人ではなく移民または出稼ぎだったかもしれない。最終目的地のバート・ヘレナルプまでは、五十ユーロだと片手の指を突き出して言う。しかし、とにかく出発駅まで行ってくれるよう頼むと、運転手は突然怒りだした。そこまでなら一分間で着く距離だと。「金は払う」と、私は頑と主張した。大回りしながらも、タクシーは出発駅に到着した。そのとき初めて、その駅は、本格的な鉄道列車駅ではなく、郊外行きトラム電車乗り場であることに気が付いたのであった。運転手に十ユーロ札を渡すと、コインで四ユーロが戻ってきた。

三時過ぎ発車の電車（郊外トラム）に、何とか間に合った。二両編成のトラム電車は、混んでいた。大きな荷物で席を塞いでしまう私は、邪魔者だったのかも知れない。相席になった老婦人は、

ワークショップ風景　2015年6月

一言も口を利かず、こちらに向け一瞥することもなかった。気を取り直すしかなかった。しかし逆に、昔、道を尋ねて、苦い思いをした記憶が蘇ってきた。

学生の頃のことだからもう四十年も前の出来事である。大阪の厚生年金会館だったかで、何かの催しがあり、環状線の駅を降り、通りがかりの店の女性に、道順を尋ねたことがあった。その女性は、物凄い剣幕で、「またか」と私を詰《なじ》った。何度も繰り返し同じことを聞かれるので、イライラが募っていたのであろうと、後になって納得したことであった。私のあまりにも驚いた様子を見て、その女性は、「少しやり過ぎたかな」との自省の表情を、一瞬だが、見せたことが思い出された。

緑陰の中で行われた国際ワークショップには、ロシアなど東欧を含む欧州から百二十名ほどの研究者が参加していた。この会合は三年に一度開催されていることを知った。日本からは私を含めて二名の参加であった。日本の福井市に二年間滞在したことがあるというミシェル（M. A. Vorotyntsev、フランス・ブルゴーニュ大学教授、ロシア出身）が、中心人物であった。私の研究発表の直後、元の席に戻る私にミシェルが近づいて来て、言葉を交わすことができた。

水曜日の午後には、バーデン・バーデンへのバス旅行があった。古代ローマ時代のカラカラ帝が滞在したという温泉保養地である。バーデン・バーデンと繰り返すのは、バーデンという都市が、スイスやオーストリアにもあるので、それらと区別化するためであると、現地のガイドが解説した。日差しがきつく、暑さを感じながら市内散策を楽しんだ。自由行動になると、私はカナダのニューファンドランドの大学から来た教授と行動を共にした。彼はイギリス出身であると言い、奥さんへの手土産にネックレスを買い求めた。娘や息子が三人おり、一番下の子が十七歳で、この二週間ほど学校の（期末）試験があるので、旦那が留守をすることに対して奥さんが小言を口にしていたと語った（と言い訳した）。

その夕刻には、山小屋のテラスでバーベキュー大会があった。長い行列の後、私の番が来たときには、牛肉や豚肉は品切れになっており、代わりに特大のソーセージをもらった。ドイツビールとの相性が抜群であった。

「山小屋」にはピアノが置いてあり、ハンガリーの教授の演奏に合わせて、イタリアの女性教授がオペラのアリアなどを歌った。その晩のミニ演奏会は深夜二時にまで及んだ。私も、手持ちの日本の歌やロシア民謡などで仲間に加わった。

木曜日、ロシアの中堅女性研究者の電気化学に関する発表講演を聞いていると、最後のスライドに、「小さい研究をしていても、大志を忘れるな」という言葉と同時に、大きなマンモスの絵が添えてあった。後で、彼女に問うてみた。「あの言葉は、誰かの格言か、トルストイか誰かの？」と。すると「自分で考えたものです」との応答があった。「小事を穿《うが》ちて、大事を拓く」と、私なりに意訳してみた。重箱の隅をつつくような研究でも、ノーベル賞につながる可能性はある。翌日、金曜日の昼前の別れ際、「あなたの格言を、使わさせてもらっても良いか、日本語訳で？」との要請に対し、快諾を得た。

E.V. Zolotukhina 博士の講演　2015 年 6 月

私は、仲間たちと最後の昼食を共にすることなく、山小屋から長い坂道を下り、トラム電車の駅に急行した。夕刻のフランクフルト空港からの航空便が気になっていた。しかし、折り返し電車の到着までには、少し余裕があったので、プラットホーム近くのカフェに入り、コーヒーを注文した。おいしいコーヒーにお菓子が付いていた。出る前に、店を切り盛りしている女性に、英語ではなくドイツ語で「ダンケ・シェーン」とお礼の言葉を掛けると、彼女は思わず微笑んだように見えた。

郊外トラム電車と徒歩でカールスルーエの中央駅には、何とか辿りついた。しかし、今度はフランクフルト行き列車の3番プラットホームが、なぜか見つからなかった。駅構内の案内所に確かめに行くと、一抹の不安が的中してしまった。あの天敵の若い女性係員が涼し気な顔をして待ち構えていたのである。列車の出発まで、ほんの二、三分間ほどしかなかった。その女性係員は悠然と電話で会話を続けており、隣の男性係員は接客中であった。腕時計を見ながらもう間に合わないと思った瞬間、男性係員が対応していた前客の姿が消えていた。3番プラットホームはすぐそこだと、案内所の彼が急いで合図を出してくれた。合点した私は、重いスーツケースを引きずりながら、階段を駆け上がった。列車に飛び乗ったその直後、列車は発車した。

フランクフルト空港の売店で、ドイツらしい土産物を探した。出発前に、研究室の学生たちから、ドイツらしいお土産を買ってくるようねだられていたせいでもある。あのバウムクーヘンはないかと店員に尋ねると、クリスマスの季節にしかないとのことであった。私は、代わりに、サンタクロース型の木製パズルを学生たちへの土産物とした。

六月六日土曜日、高知空港から高知駅に戻ると、思いもかけず涼しい風が吹いていた。四国地方も梅雨入りしたと妻から聞かされた。

（「青い地球」79号　二〇一六年一月）

小を穿ちて、大を拓く

二〇一五年十二月中旬、中国上海方面に出掛けてきた。私には、この何年間か、毎年のように中国に出掛けているとの認識があった。このことを、妻は、毎年のようにではなく、毎年中国に行っていると主張する。そこでパスポートを調べて見ると、確かに、二〇〇五年を手始めに、二〇〇七年から毎年、特に二〇一〇年には二回も、中国に入国した記録が残っていた。この十年間、毎年、または毎年のように私が中国を訪れるのには理由がある。

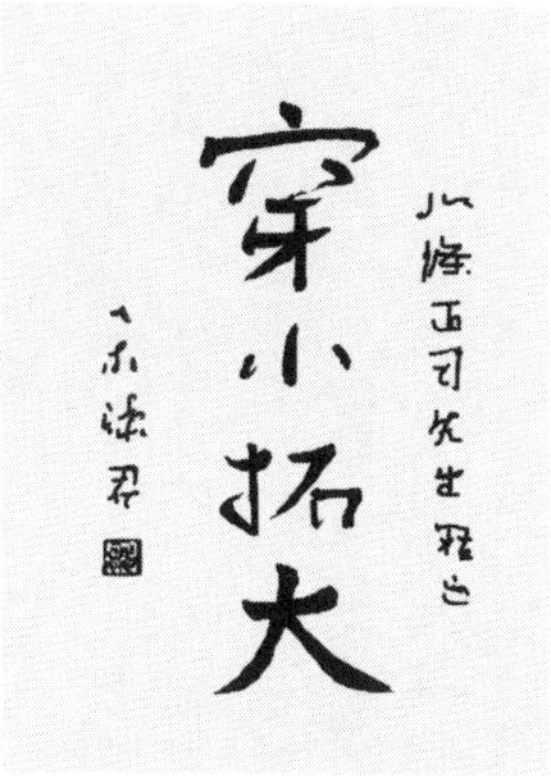

一九九五年、私の研究室に、中国人の留学生を受け入れることになった。彼は中国東北部の瀋陽（旧満州奉天）の出身で、国営の化学企業に所属しながら、遼寧大学を卒業していた。さらに日本の大学の大学院進学を目指し、九州の日本語学校で二年間日本語を勉学していた。当時、日本

の大学に入学する中国人留学生は増加してきてはいたが、勉学には必ずしも熱心でない留学生がいることを耳にしていた。

満州といえば、私の母は、戦中に姉夫妻を頼って東寧に渡り、そこで電話交換手をしていた。やがて終戦となり、ロシアの侵攻から逃れ、南下して、朝鮮域内で引き留めを食いながらも、翌年には無事、舞鶴港に戻ることができた。このような話を聞いていたことからも、中国東北部には親近感があった。しかし、申請者は、私費留学生であり、入学金などの学費や生活費を捻出しなければならない。私には迷いがあり、申請書を何度も見直したことを覚えている。

申請書類の中に、その申請者、陳智棟による研究報告書が添付されていた。「瀋陽化学工業」という雑誌に掲載された、「石油製品中に含まれる金属イオン類の簡便な分析法」に関する技術論文であった。この小論文を拠り所にして、私は受け入れる方向に舵を切った。

間もなく、この決断は間違いではなかったことが判明した。研究室で実験を始めると、彼は、極めて熱心で優秀な学生であった。「人事と不動産選びは、運次第である」と信じ込んでいる私には、まさに幸運であった。しかし問題は、生活費であった。その頃、アフリカのタンザニアから、大使館推薦の国費留学生を受け入れていたが、かなり高額の奨学金を支給される国費留学生と、奨学金のない私費留学生には大きな隔たりがあった。

生活費を稼ぐため、陳智棟は、高知市内の繁華街にある「葉山」という飲食店でアルバイトしながら、研究に励んだ。午前中から夕刻までは研究に没頭し、それからは夜半に及ぶ生活維持のための仕事をしなければならなかった。しかし、飲食店でのアルバイトにはメリットもあった。夕食が供されるのと、ご馳走の余り物などを持ち帰ることができたことである。海老や蟹など珍しいご馳走を研究室に持ち帰り、仲間の学生たちと楽しんで過ごしていたことなどは、比較的最近になって本人から聞いたことである。

勤勉な陳智棟が、三日ほど無断で欠席したことがあった。何も連絡もしてこないのでどうしたことかと思っていると、やっと研究室に出て来て、遭遇した事故について語った。夜中に、街から自転車を押して戻って来ていたとき、不意に鏡川の土手から転落し、耳たぶを割くケガを負ったとのことである。その後、複数回の手術を経て、何とか耳たぶは元通りになった。

このような不運に見舞われたりもしたが、基本的には、彼は強運の持ち主であった。国費留学生は、来日前に、すでに予約されている場合が大部分である。しかし私費留学生にも、入学後に国費留学生として採用されるチャンスが残されている。次の年、全学で1名だけの推薦枠があり、応募してみると、何と、その一つの枠に採用されたのであった。そうして彼の妻も来日し、生活も安定した。順調に修士課程の学業を終え、Y大学工学部の博士課程を修了し、大阪の小企業に就職した。

その会社の社長にも気に入られ、順調に仕事は進んでいると聞いていた。ところが、就職して二年も経ないうちに、連絡がきた。「会社をやめて、帰国したい。中国の大学の教員になりたいので、推薦状を四通作成して欲しい」と。そうそう事が上手く運ぶはずもなかろうとは思いながら、要請に応え、四通ではなく五通の推薦状を送った。それからしばらくすると、寒冷な北部地域を避けて、温暖な上海近くの大学で教員になると知らされた。私が、このことを「最初の四通の推薦状ではなく、最後の五通目が、何とか上手く機能したのだろう」と表現すると、彼は、「他からも幾つもの提示を受けました」と譲らなかった。

大学で平の教員から教授に昇任するには、年季を積まないといけないものである。しかし、彼の場合には、それに当てはまらなかった。何と、採用後三年で、正教授に昇任したのである。研究経歴や公表論文の査定を受けて、そのようなことになったと聞いても、すぐには、信じられないほどであった。その大学は石油化学工業系の単科大学（江蘇工業学院）で、全教員数はかなり多いのだが、正教授の数は少なく、わずか三十名ほどの正教授の一員となったのである。その後、同単科大学は見る見る拡張を続け、二〇一〇年には、広大なキャンパスを有する総合大学（常州大学）として発展し、現在では学生数は一五〇〇〇名、正教授の数も一七四名、教員数一〇〇〇名近くに達している。

常州大学のある常州市は人口四〇〇万人を超えていても、日本での知名度は決して高くない。しかし、現地で会社経営している知人の話では、二〇〇社もの日系企業が進出し、中国のモデル工業都市であるという。上海から長江（揚子江）を遡るように、江蘇省内の幹線道路を西に向かうと蘇州、無錫、常州、鎮江、南京と続くのである。

日本育英会などから組織替えした日本学生支援機構は、日本の学生ばかりではなく外国人留学生への奨学金支給事業を行っている。その他に、帰国留学生が当該国の政府機関の職員や大学教員になった場合には、元の指導教員が現地に出向いて十日間ほどの研究指導をしたり、逆に、帰国留学生が日本で再教育を受けるなどの事業を行っている。二〇〇五年に私が初めて中国を訪問したのは、前者の制度によるものであった。それから四年後の二〇〇九年、今度は陳智棟が来日して、三ヶ月近く高知で過ごした。

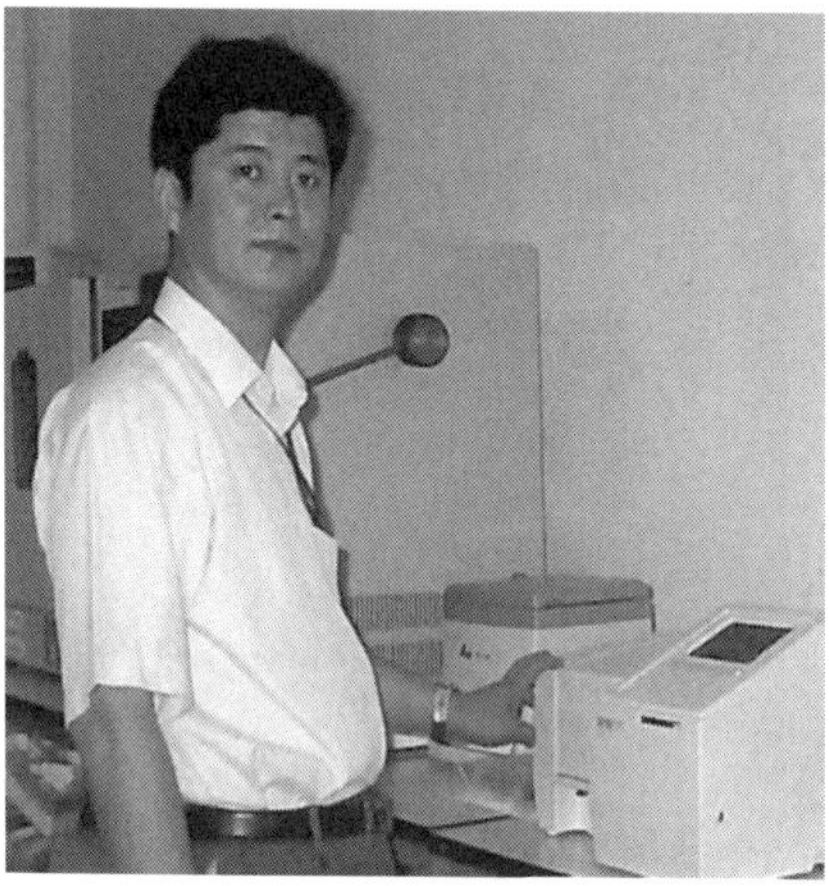

新着の分光光度計（島津国際貿易（上海））を操作する陳智棟　江蘇工業学院（常州大学）2005年9月

中国への帰国が近づいた夏の終わりごろ、私は彼を高知市北部の鏡川上流にある「樽の滝」に案内した。五、六十メートルの高さから大量の水が流れ落ちており、それなりに見応えがある。上町二丁目から円行寺を通り、曲がりくねった細い山道を車で上って行った。車を降り、滝の側まで歩いた。その時、毛沢東時代の下方政策が話題となった。両親は共に化学関係の仕事をしていたが、彼が小学校に入学する前から、三年間ほど農村に下方され、主にイモ類を食べて生活したと聞かされた。

その頃、高知市出身の作家、坂東眞砂子が、タヒチから日本に引き上げて来ていた。「樽の滝」がよく見える民宿「樽の滝荘」を譲り受け、イタリアン・レストランを営業していたのである。そのレストランで、パスタの夕食を取り、食後のコーヒーを飲んでいると、遠くの方から、ヒグラシの声が聞こえてきた。あの音は、何の音か分かるかと聞くと、コオロギの鳴き声ではないかと答えが戻ってきた。日本で丸十年間過ごし、日本語には全く不自由しなくなっていても、自然などに関しては知らないことがあるものだなと思った。

中国にはコオロギのケンカ（闘蟋《とうしつ》）を楽しむ風習があることは知っていたが、東北部の瀋陽でも、闘蟋が盛んに行われていたとのことである。瀋陽の子ども仲間内では、製鉄所の敷地内のコオロギが最もケンカに強いと信じられていたが、それは硬い鉄（クズを食べている？）のせいであるとのことであった。そのとき、子どもの発想力というものは、途轍もないものだとの思いを強くした。

私の研究室には、現在、大学院留学生が二名いるが、両名共に学位の取得が目前に迫っている。今回の常州大学からの招聘には、時間的制約がある中で、エチオピアからの留学生が同行に同意した。もう一人の大学院生は中国人女性で、来日したときは、半年前に生まれたばかりの赤ん坊を親元に預けていた。一衣帯水の近さなので、折りに触れ里帰りしたり、常州大学の経済関係の教員であるご主人が、幼子を高知に連れて来たりしていた。

この留学生、陳小卉も、この機会に中国に里帰りすることになった。彼女は先述の陳智棟教授の教え子であるので、私には孫弟子ともなる。長江（揚子江）を隔て、常州の北側に位置する泰興という町の出身で、当地の化学企業に勤務していたことがある。そういうことなら、その化学工場を見学したいと、私は思いつきを口にした。常州から長江対岸の泰興へは、橋ではなく、三十分間ほどフェリーボートに乗って渡ると聞いて、益々興味をそそられた私は、泰興や近隣の泰州には、お寺や庭園などの観光名所はないかと尋ねると、あまりないとのことであった。しかし、さらに隣の揚州まで行くと、お寺や庭園などの名所があるとの返事が返ってきた。

常州では、今回も例年と違わぬ歓迎を受けた。前年は、常州大学の浦学長と史書記とが、日を改めてまで、別々に歓迎晩餐会を開催してくれたのであった。ここでの書記とは、学長と同等かそれよりも少し高い地位にある監視役である。陳智棟は、当大学で、この両名に次ぐほどの高い地位を占めるようになっているようである。

しかし、数年前の着任直後の浦学長による歓迎会の記憶が、私のトラウマとして残っている。それまでの陳志剛学長などによる何回かの歓迎会では、中国式「乾杯」に何とか耐えることができていた。中国式「乾杯」では、言葉通り、注がれた酒を、その場で全部呑み干さなくてはならない。それも、アルコール度が四十または五十度の白酒（焼酎）による歓待であるが、主賓に対してはそれが数珠つなぎとなる。この怒涛のように押し寄せる「乾杯」を、何とか躱《かわ》す方策はあった。相手に「乾杯」ではなく「随意」と宣言してもらうことである。しかし、皆酔いが回ってくると、そうはいかなくなり、ついには、「教え子」の陳智棟教授が、私のグラスから自分のグラスに移し替えて、代わりに飲み干し、急場をしのいでくれていた。高知での学生時代の彼は、ビールを一杯飲んだだけで、顔が真っ赤になるほどであったが、その後、特に、中国に帰国してからは、信じられないほど酒に強くなっているのには驚かされた。

初めてお会いしたときの浦学長は、恰幅のいい方で、酒にも大変強かった。乾杯やその返杯を小さな器で交わしていた間は、それほど問題は起こらなかった。しかし、白酒がグラスに注がれるようになってくると、歓迎態度にも容赦がなくなってきた。初対面の方からの「大歓迎」を、断ることができず、かと言って、いつまでも「教え子」陳智棟の救済策に甘んじることもできなかった。遂に、私は、白酒のグラス乾杯に応じた。翌日、私は、上海空港までの車の中で、二度と味わいたくない苦しい思いを味わったのである。これが私のトラウマであった。

今回、エチオピアの留学生バイッサを同行させたのは、結局、大正解であった。歓迎晩餐会には、旧知の孫副学長をはじめ比較的気の置けないメンバーが参加していた。そうは言っても宴会の最終盤には、グラスによる乾杯が待ち受けていた。私が躊躇していると、「教え子」陳智棟がとっさに助け舟を出してくれた。私の酒を、自分とバイッサに注ぎ分けて、乾杯すれば良いと。この提案になら、私もぎりぎり同意できた。このとき、バイッサが酒にめっぽう強いことを、初めて知ったのであった。

今回の常州大学訪問は三泊四日の日程であった。現地到着の翌日（月曜日）の午前中に、講演会を済ませ、午後からは、フェリーボートで泰興に渡り、化学工場を見学した。陳小卉は常州大

陳小卉、著者、バイッサ（大明寺）
2015 年 12 月

学の大学院（修士課程）に入学する前に、この会社に七年間務めていたとのことであった。この工場では、日本の旭化成の技術を導入して、海水を電気分解し、塩素や苛性ソーダ、その他の製品を生産していた。大量の消費電力を賄うために、敷地内に発電プラントまで有する大規模で、近代的な工場であった。この工場見学には、陳小卉のご主人や親戚の方も同行してくれた。その夜は、泰興料理をご馳走になり、そのまま揚州に移動した。

揚州は、奈良の唐招提寺を建立した鑑真和上で有名である。鑑真は揚州で生まれ、大明寺の住職であったが、日本からの招請に応え、苦難の末、六度目の渡航の試みにして、遂に来日を果たした。それから一二二〇年の後の一九七三年、大明寺に鑑真記念堂が完成したが、そこには奈良の鑑真像を模した坐像が安置されていた。

それから痩西湖公園を見学した。杭州の西湖のように大きな湖ではなく、文字通り痩せて細長い運河状の湿地帯が広がっていた。午後には、个園（個園）をゆっくり見て歩いた。付近の何気ない店屋に誘われて入ると、陳小卉が、私の名を彫り込んだ篆刻を贈りたいと言い出した。以前に陳智棟から贈られたものを持っていると言うと、今度は、掛け軸の書はどうかというので、私も断り切れなかった。奥の方から書道の達人が呼ばれて来ると、氏名ではなく、何かの言葉を書くらしい。

半年前、ドイツの山小屋（ホテル）でのワークショップに参加したとき、ロシアの若手女性研究者が講演発表の最後に示した言葉があった。「些細な研究をしていても、大きな夢を忘れるな」であった。私は、これを「小事を穿ちて、大事を拓く」と意訳していたが、さらに「小を穿ちて、大を拓く」と簡略化し、「穿小拓大」と書いてもらうことにした。

現在、この「穿小拓大」の掛け軸は、私の研究室に飾られている。これまで良き（酒に強い）教え子たちに恵まれて、私なりの「穿小拓大」が実践できたのではないかとの感謝の思いにふけっている。

（「青い地球」80号　二〇一六年四月）

子どもと老人のための童話

はるかなる海

昔むかしのお話です。小さな町の真ん中に、小さな島のような小山がありました。その小山のてっぺんには、白いお城がそびえていました。町のどこからでも、お城の天守閣が見えます。どこに遊びに行っても、お城を見れば、迷わずに家に帰ることができました。タカシは、そのことを良く知っていました。きっとお母さんに教えてもらっていたのでしょう。

タカシのお母さんは、朝起きると、朝ごはんの支度をする前に外に出て、お城をながめました。そのお城が大好きで、心の中では本当に自慢に思っていました。なぜかというと、そのお城は、実の叔父さんが建て直したからでした。

最初にお城ができてから、何百年も経ち、柱などの建材はシロアリにくわれてぼろぼろになっていました。その叔父さんは宮大工の棟梁《とうりょう》として、お城を丁寧に解体し、再び立派な昔の姿に戻し

たのでした。

その改修工事が進んでいた頃のことです。夏休みになって、お母さんの郷里から、親戚の子が遊びに来ました。息子のタカシに言いました。

「タカシ、いっしょに、お城を見て来なさい」

タカシは、小学生でイトコの「親戚の子」を案内しながら、城山に登りました。天守閣のすぐ近くまで来ると、行き止まりになっていました。天守閣は白い覆いに包まれて、何も見ることができませんでした。二人の子どもはがっかりして家に帰りました。


タカシは立派な大人になりました。そして、小さな町から遠く離れた大きな町に、お母さんといっしょに移り住むことになりました。大きな町は、広い広い平野の真ん中にありました。あるとき、大きな町の家を「親戚の子」が訪ねて来ました。その親戚の子も大人になっていました。

「近くに親戚はだれも居ないけど、近所の人たちもみんな親切で、楽しく過ごしている」

親戚の子は、タカシのお母さんの言葉に耳を傾けていました。

「この前、ちょっと海が見たくなって、その辺りを歩いてみたのよ。それが、どこまで歩いても、海が見えてこないの。どこまで遠くに行ってもよ」

少し歩けば、必ず海に行き着くはずだと信じ込んでいたのでしょうか。親戚の子には、その気持が痛いほどよく分かりました。なぜかというと、年は大きく離れていても、二人とも同じ漁村で生まれ育ったからです。

その漁村の集落は、すぐ近くが海で、どの家からでも、夜、耳をすませば、さざ波の音が聞こえてきました。真夏の夜、シュロ綱で編込んだ竹棚の上に寝ころぶと、満天の星が近づいてきました。でも台風の時などは、大変でした。大波が打ち寄せ、家の近くまで、というよりも、土間の通路まで潮水が流れ込んで来るほどだったのです。

郷里の漁村や小さな町とは、遠く離れた大きな町での生活にもすっかり慣れました。孫たちにも恵まれ、幸せでした。そうすると、また、どうしても海が見たくなりました。一人で、ちょっとだけ外に出てみました。

それにしても、この大きな町に移り住んで間もない頃の大冒険の結果は、すっかり記憶から抜け落ちてしまっていたのでしょうか。海は見えてきません。方々歩き回りましたが、どこまで行っても広い広い大地が続いていました。どこで道を間違えたのだろうかと思いました。とうとう海に行くことは諦めました。

今度は、家に帰らなければなりません。あの道をたどれば、家に行き着くと思いました。その道を、かすかな記憶のままに、たどってみました。この道は、確か、子どもの頃に育った「西の浜」の我が家に続いているはずだと思いました。

何日もさまよい歩いたのかも知れません。体力がなくなっているのを自覚しました。もう歩くことさえできなくなったのです。

意識のうすれていく頭の中に、突然、とんでもないほど簡単で、すばらしい考えがひらめきました。そうだ。上を見ればいいのだ。少し上を眺めれば、城山のあの白いお城が見えるはずだと。

ゆっくり顔を上げ、目を凝らすと、夜の闇間に、あのご自慢のお城がぼんやりと見えていました。やさしい叔父さんの顔がくっきりと目に浮かびました。あのお城をめざして歩こうと思いました。永いこと会っていない叔父さんに会いたくなりました。

どこからともなく、自分を呼び戻す大勢の家族の声が聞こえたような気がしました。小学生だった頃の「親戚の子」の声も響いたかも知れません。しかし、その遠い遠い旅路への歩みを止めることは、誰にもできませんでした。


（「青い地球」81号　二〇一六年八月）

第二部　寄稿文等

高知大学に赴任して

あっけない幕切れであった。勿論、卒業式はなかった。私の学生生活最後の日、それは大学院の五年間を過ごした京都を離れる日であった。その日は引っ越しのため、住み慣れた熊野寮まで、研究室の後輩が来ることになっていた。何か感じる所があるだろうとの予想に反して、感慨深いものはなかった。

何かぼんやりした、朝もやの中に私はいた。私は自分で紅茶を入れ、一人で飲んだ。これで引っ越しは何度目になるだろうかと考えた。この前は、三年前この熊野寮に北白川の下宿から越して来た時であった。あの時はどのようにして荷造したろうか。そう、あの時は「ドン亀」という若い夫婦の運送屋に頼んだのだ。丁度イテゴの走りの季節だったので、引っ越しの車の中で、いっしょに赤いイテゴを食べたのだ。

京都の冬は寒かった。南国育ちの私には、肌を刺すような冷たさだった。徹夜に近い実験の朝の帰り道、道路にまかれた水が、カチンカチンに凍りついていた。しかし、やがて吉田神社の節

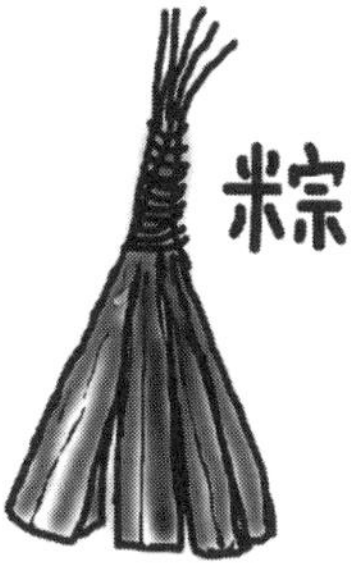

分を境に春もやって来た。そして、新緑の五月の葵祭。そして、あの暑い夏の祇園祭。その祇園祭のコンチキ、コンチキの音色。大きな車輪のついた鉾を、長い綱で引っ張る掛け声。高い鉾の上から、人々に向って投げ出されるチマキ。それを我先きに受け取ろうと小競り合う人々・男と女。子供と、チマキの両端の引っ張り合いになり、その子供に泣き出されて、しぶしぶチマキを渡す大人。手にしたチマキで涙を拭くふりをする子供。その成り行きを物珍しそうに見ている人々。

しばらくするとドアの外で音がして、後輩達が入って来た。引っ越しの部屋には、物らしい物は何もなかった。白黒テレビは、この正月に戻って来た時から映らなくなっていたし、冷蔵庫はなく、暑さを少し和らげてぐれた扇風機もこわれかけていた。あるものと言えば、蒲団と、神戸で学部を卒業した時、友人からもらった机と椅子、そして、ちゃちなステレオ。これもまた、兄のお古を譲り受けたものであった。

しかし、引っ越しの荷造りは意外と手間取った。数日前から、少しずつ準備していたつもりではあった。郷里の宇和島から毎年送って来た愛媛ミカンの空箱は、捨てずにずっと取っておいた。それでも、入り切らない本が部屋のあちこちに残っていた。一冊の本には一つの思い出があるものだ。しかし、思い切って処分することにした。売れそうな本は、後輩の一人が束にして、近くの古本屋まで持って行ってくれた。

二、三日前、今まで研究をして来た分析化学研究室の荷物を整理した。コピーした文献と、ポーラログラフのチャートだけがやけにかさばっていた。研究室に掲げられた先代の教授である（故）石橋雅義先生の写真の下で、教授からこれからの心構え等について注意を受け、記念の色紙をいただいた。やっと、すべての荷造りが終った。運送屋に高知までの運送費を支払った。私は、その夜、四国へと向かった。

四月十日、その日は暖かい晴天であった。高知の春は早かったが、桜の花がわずかに名残をとどめていた。私は入学式に、今井嘉彦、安井隆次の両先生と共に参列した。山岡亮一学長の新入生への祝辞を聞きながら、自分の学生生活二十一年を振り返った。そこで、私はもう学生ではないことを認識した。助手採用の辞令を手にしたのは、それから数日後のことであった。

（高知大学理学部　錯体化学研究室十周年記念誌一九七九年　寄稿）

カナダとアメリカそして高知

日本でも北海道あたりでは、ゴキブリを見かけぬという。夏になると、どこからともなく湧き出てくる厄介物である。五〜六年前、私が一年半滞在したカナダ・カルガリーでも、ゴキブリはついにその姿を現さなかった。ゴキブリの棲まぬ街、というよりはゴキブリの棲めぬ街と言ったほうが適切かも知れない。カルガリーは北緯五十一度に位置していて、冬はまさに極寒の地である。不思議なことに、さらに北方にあるエドモントンでは、ゴキブリが家屋に生息しているとのことである。

一九八二年十一月八日、私は高知空港を飛び立った。研究室の卒論生の数人が見送ってくれたのを覚えている。その日の夕刻、成田空港から私としては初めて海外に向け出発した。バンクーバーを経由して、カルガリー空港に着陸したのは、現地時間では現地時間と同日の八日、午後三時ごろであった。外気の温度はプラス８℃であると聞いたが、それ程寒く感じなかった。それから数日もしないうちに雪が降り、季節は真冬となっていった。冬の朝は美しかった。辺りの木々の梢の樹氷が、朝日にキラキラ輝いていた。十時頃になっても太陽は地平線からそれ程遠くない所に、はいつくばっているのである。

アメリカ大陸は見る物、聞く物がすべて雄大であった。空の上からみたカナディアン・ロッキーの岩肌、それから東へ延々と広がる大平原。遅い夏が来て、七月には夏祭り、カルガリー・スタンピードが催される。北米で最大と言われるロデオ大会が開かれるのも、この祭りの期間中である。後で述べるアメリカ・テキサス州ヒューストンでは二月にロデオ大会がアストロ・ドームで開かれる。こちらの方は米国最大と言われている。北米最大と米国最大、全く偶然ながら、私はこの両方を見る幸運に恵まれたのである。

研究室の新卒論生と松山への小旅行
1982年3月

欧米の諸外国、特に北米においては、博士研究員（Post-Doctoral Fellow、ポストドク）の制度がよく発達している。すでに博士号を取得している若手の研究者が有給で、一～二年間、有名教授のもとで研究できるのがこの制度である。私も高知大学に赴任して二年経ったとき、ポストドクの職を求めて、世界各国へ向け五通の手紙を書いた。結局、これらの手紙は無益であった。

しかし、ついでに、他に一通だけカナダ・カルガリー大学のChivers教授に宛てたものがあった。Chivers教授からの返事には、「現時点では研究費がないが、しばらくして研究費が出来たら来てほしい」とのことであった。こうして、何度か手紙のやり取りをしている間に、カナダ科学財団からの研究費が下りることになった。「契約は一年間であるが、双方の合意により延長が可能」ということであった。

カナダ化学会に出席したChivers教授と研究室のメンバー
1983年

カナダから帰国して、三年半経過した一九八七年十月、今度は米国テキサスＡ＆Ｍ大学に行くことになった。この場合もカルガリー大学の場合と同様に、ちょっとしたキッカケが元になっている。このように私が海外で二度に渡って研究できたのは、全くの幸運によるものではあるが、それには、高知大学の化学科の諸先生、特に、今井嘉彦先生のご理解あってのことであるということを付け加えておきたい。

テキサスA&M大学のあるカレッジ・ステーションは、その北に隣接したブライアン市と合わせて、人口十万人程度の小さな街である。大学駅という名前のこの小さな街は、テキサス州最大の都市ヒューストンと、ダラスおよび州都オースチンの三都市が作る三角形の中に位置している。街は小さいのであるが、大学の規模は極めて大きく、学生数四万名を数える。このため、カレッジ・ステーションとブライアンの両市には、学生向けのアパートが群生している。私もそれらのアパート群のうちの一室を借りた。大学は完全週休二日制であるので、金曜日の晩には、あちこちで学生たちがパーティーを開いているのが聞こえた。

テキサスの冬は意外（?）に寒かった。「テキサスはとにかく暖かい。冬でも、二〜三日、薄手のコートが欲しくなる程度である」と言うような情報も十分には承知していた。しかし、万一のためにと、カナダから持ち帰っていたダウン・ジャッケットを持参した。カナダのマイナス40℃の極寒に耐えたダウン・ジャケットを着てもなお、テキサスの冬は寒いと感じた。

春のテキサス。辺り一面のワイルド・フラワー。色の違う花々が、少しずつ時期をずらせながら、まるで競い合うごとく咲乱れていた。その中でも、ひときわ印象的であったのは、淡いブルー色をしたテキサス・ブルーボンネットであった。この花には、美しいインディアンの少女の悲しい物語が伝説として残っていると言う。〝日照りの続くある夕方、一人の少女が丘の上に登り、自分が最も大切にしていた人形を炎の中に燃やし、神に捧げた。その翌日、雨の恵みがあり、辺りはブルーボンネットの花々で満ちていた〟という物語である。

今、再び、私は朝倉の勝負の川宿舎の一室に住んでいる。永年、共住してきたゴキブリも今年の夏は、めったに姿を出さぬようである。ニューヨークのハーレムではないが、局所的にスラム化していた一二二号室にも、毎日、人の手が入るようになり、ゴキブリが棲みにくくなったせいであろうか。

（高知大学理学部　環境化学研究室十周年記念誌一九八九年九月二日）

真珠貝とユーカリの葉

私には、一時、リンゴを一切口にしない時期があった。リンゴが極度に大きく美しく高級化した頃のように思う。一個で何百円もするリンゴが、当時の私には「敵」のように思えたのである。私は神戸の大学で化学を専攻していた。郷里の母が送ってくれた、ミカンの空箱まで、ひとつずつ大事にとっておく程の生活であった。父は長年、日本を離れていた。父から母への送金は、為替レートの変動などにより、年毎に、極端に目減りしていた。

子供の頃には、家の中で、数多くの真珠を目にしたことを覚えている。今から思うと、それらは思いのほか小粒であったし、何か鈍い光りを放っていたようでもあった。父は二十歳になる前に、オーストラリアに渡り、真珠取りのダイバーになった。志願して、最初に船から海の中に投げ込まれたとき、海底に近付くにつれ、鼻血がどっと吹き出したと言う。しかし、そこに、真珠貝があるのが見えたのである。急いで、二、三個取って、袋の中に入れると、海上に引き上げてもらった。「ほう、こいつは、真珠を持っとるぞ」と言う声が聞こえた。

当時、真珠貝は洋服のボタン用の材料として使われていた。それは、日本のアコヤ貝に比べて何倍も大きくまた、厚みのあるシロチョウ貝と呼ばれる品種である。持ち帰った真珠貝の裏面をヤスリで磨き、竜などの彫物細工をしたものがあった。父はまた、真珠貝で太目の印鑑を作らせた。しかし、あまりに材質が硬いので、印鑑製作師は二度とは引受ないと宣言したと言う。

戦後、日本のダイバーたちの出国許可を、政府は簡単には下さなかった。しかし昭和三十年、母と三人の男の子を残し、父は再び、オーストラリアに向かった。三歳であった私には、出発前の家族写真が、その瞬間を思い起こす唯一の証拠である。戦中、戦後の十数年の空白は、漁場を空前の活況へと導いていた。美しい海底は、採れども、採れども真珠貝に満ちていた。そしてその年、父は年間三十六トンの「世界記録」を水揚げすることができた。それは、今後も破ることができない記録となった。

元真珠採取会社 Streeter & Male（豪州ブルーム）
1997 年 3 月撮影

三年に一度、三ヶ月間だけ一時帰国することを、何度となく繰り返していた父にも、ついに本当の帰国の時がきた。もうすでにプラスチック製のボタンしか見かけなくなってから、長い年月が経っていた。真珠採

ブルームの街角にひっそりと佇む「シンジュ・マツリ」の出し物［前田義矩（愛媛県愛南町出身、元ダイバー、パスパレー・パール社の船大工）製作］1997年3月撮影

取の対象は、シロチョウ貝の成熟貝ではなく、養殖真珠のための稚貝採取に変わっていたのである。採れた真珠稚貝は、父の親友であるポピーの船でニューギニア近くまで運ばれた。

帰国の前日、真珠採取会社の年老いたボスがヨボヨボの身体をおして、ダイバー・キャンプを訪ねて来た。彼は、父に2階から降りてくるように告げたが、父は、今は下着姿だからと言って、会うことをしなかった。こうして、戦中の収容所時代を含め、通算、二十九年間に及ぶ父の真珠採りが終わった。西オーストラリア・ブルーム市の「シンジュ・マツリ」に、日本の真珠採りたちの夢の跡が残った。

愛媛県の宇和海沿岸は、養殖真珠の一大生産地となっている。早くから、三重県の優れた養殖技術を導入していた。私が生まれ育った地区に永住した何人かの技術指導者たちも、今では、二世、三世の時代に入っている。父が亡くなってから、私は帰省した折にも、兄の養殖の仕事を手伝わなくなった。稚貝から、核入れ直前の立派な母貝に育て上げるには、何人もの従業員を雇い入れることが必要になっている。兄の真珠貝は、近隣はもとより、三重や九州の「玉入れ業者」からの引合いが多い。その兄の目標は、真珠母貝生産高が日本一の村内で、一番の貝を造ることである。

オーストラリアのコアラは、ユーカリの葉だけを食べて成長する。コアラの体はユーカリでできている。私は、私たち兄弟の身体が真珠によってできているとさえ思う。美しいことよりも、私たちの生活の全てを支えてきた真珠。その真珠の輝きの本質を、化学的に解き明かすことが、私の将来の「夢」である。

（社団法人日本真珠振興会「パールフェスタ'93」パールエッセイ応募作品一九九三年）

化学研究の最前線──その光と影

四月三十日夕刻、私は京都の新・都ホテルにいた。そこでは、京大理学部を停年退官したばかりのある先生の退官祝賀パーティーが開かれていた。百名近くの出席者の大部分は、その研究室の関係者である。退官された先生は、私の直接の指導者ではなかったが、当時から研究室の助教授であり、親しく指導を仰いだ方である。しかし、停年退官のめでたい席ながらも、地味な雰囲気に包まれていた。

十二年前、同じ研究室の先代教授が退官した。その教授は二十年を超える教授在任中、数多くの理学博士を世に送り出した。私や高知大学を退官された今井嘉彦先生もその中の一人である。研究業績として、停年までに総計四〇八編の論文および著書が公表されている。その教授は、数々の栄誉に輝いた。国内では、最高位にランクされる学士院賞を受賞し、また、内外のノーベル賞受賞者等が対象となっている日本化学会名誉会員に推された。海外からは、ソ連邦よりクルナコフ・メダル、英国化学会よりロバート・ボイル・メダルが授与された。ロバート・ボイルとは、「ボイルの法則」を発見したあのボイルであり、その名前を冠した同賞は（海外の）優れた分析化学者に二年毎に授与されているものである。

化学の研究とは、一体、どのようなものであるのか。それは一言で表わせば、「未知」の事柄を「既知」に変換していく作業であり、別の言葉では、「Something New」を見出すことであると言っても良い。「Something New」とは、「何か新しい化学現象」のことであり、当然のことながら、新しい化学種または化合物を見出す（合成する）こと等が含まれる。

私は大学院時代に、「二酸化炭素の電気化学的還元」について研究した。緑色植物が行う光合成を、電気化学的に行うことを目指す研究であり、現在も世界中の研究者が取り組んでいる重要なテーマである。溶液中のCO_2を電気分解すると、まず$CO_2^{\bullet -}$（アニオンラジカル）が生じるが、これから有用な炭化水素に導くことは容易ではない。自然界の素晴らしく効率的な反応と比較すると、人間の為せる業のむなしさを感じざるを得なかった。その時、先の助教授の先生より教示されたのが、ドイツ語で「ノイエス(Neues)を発見せよ」ということであった。

その後、私は博士課程に進学し、研究対象をCO_2から無機硫黄化合物に転じた。そうして、何とか「Neues」を発見し、学位を得て研究者としての出発点に立つことができた。

英国化学会ロバート・ボイル・メダル

ここで、「Something New」または「Neues」はどのようにすれば発見できるのかについて考えてみよう。化学の実験を続けていると、誰でも、必ず、予期しない反応ないし現象に出くわすものである。この予期していなかった反応や現象は、実験者の気付かぬミスに起因することが多い。しかし、極まれながらも、「新しい現象」が潜んでいることがある。

化学者にとって最も最重なことは、多数の異常現象の中から、極少数の「真」の新しい現象を選び出す作業である。この選別をうまく行うことができるかどうかが、化学研究者の明暗を分ける。確かな選別眼は、最初から備わっているものではなく、たゆみない研鑽によって培われるものであろう。

化学の学生がしなければならないことは、先人たちが立派に築いてきた道を、まず歩んでみることである。すなわち、天才たちによって体系化された諸法則・原理を学び、自分のものとすることである。そうしたことを成し遂げた者だけが、「最先端の化学」に触れるチャンスを得ると、私は考える。

現在、私は、溶液中に溶存するイオンの「真の姿」を解明する研究に取り組んでいる。幸いなことに、いくつかの幸運や優れた共同研究者たちにも恵まれ、この分野では世界のトップクラスに立っていると自負できる程にまで研究は進展している。多くの学生が、化学を体得し、将来、最先端の化学を共有できるようになることを期待している。

（高知大学理学部　化学科二回生クラス誌　創刊号一九九四年五月）

多様化と生存への道

愛媛県の宇和海沿岸では、真珠養殖が盛んである。私の郷里の村役場から、時々送られてくる広報誌などを見ると、その村の真珠貝の生産量が全国一であると書かれている。その地域がアコヤ貝の生育条件に合うなど、自然環境に恵まれているためであろうか。

しかし、最近、貝の死亡率が急に高くなり、生産者を苦しめていると聞く。養殖されるアコヤ貝には、天然に採取されたものと、水産試験場などで人口採苗されたものの二種類がある。毎年、六月頃、沖合の海中に沈めた「杉」の小枝に、目にも見えない程の小さな貝が付着する――これが、天然貝である。この天然の貝に比べ、人工授精によって採苗された貝は、品質が一定であり、コストも比較的低い上、成長が大変早いので、自然貝から人工貝への切り替えが進んでいた。このような時、大量の貝が死に始めた。

優秀でありながらも均一の遺伝子を持つ人工貝は、自然環境の変化に対して耐性が低い。一方、多様性に富む天然貝の中には、耐性に優れたものが多く含まれているようである。これまでに、多くの生物の種が、多様化によって保存されてきたと聞く。さらに、多様化そのものが、種の進

多様な学生を受け入れている環境分析化学研究室
1996年

化を促してきた原動力であったのではなかろうかと考えられる。

ところで、高知大学理学部では、将来への生き残りを懸けて学部改組が進められている。平成九年度からは、数学科も化学科もない理系学部が誕生する計画である。当然、教育カリキュラムも従来とは根本的に異なるものになろうとしている。これまで長年にわたり、高知大学から化学を飯の種にしてきた者にとっては、高知大学から化学科の名前が消えてしまうことは、大変残念なことと思われる。しかし、今や、名前や形式にこだわることができる時代では無くなっているのである。

新しい学部の新しい学科の中では、多様な教育・研究が可能である。すでに、入試制度などの多様化により、かつては考えられなかったような多様な学生が高知大学に入学してきている。昨年度からは、理学部でも高専などからの編入学が 実際に行われている。海外からの留学生は、高知大学全体では、一〇〇名に達する程である。
私が所属する環境分析化学研究室でも、留学生や他大学出身の大学院生を多く受け入れている。それらの「異質」なものと「均質」なものの共存により、新たな物の見方、考え方が生まれてきているようである。大いなる多様性によって、将来への生存の道が関かれるものと、私は信じる。多様性に対応する改革による、高知大学理学部のさらなる発展を望んでいる。

（一九九六年五月十七日）

酒の熟成と溶存成分の役割

―サンタクロースはどこから来たのか―

はじめに

日本各地に日本酒の名産地があり、高知県には全国的に知られる銘柄がいくつもある。しかし、日本酒と言えばやはり、灘・伏見の酒が一番ということになろうか。近年は、世界中の珍しい酒が簡単に入手できるようになったことや、焼酎ブームのあおりを受けて、日本酒の消費量は年々減少傾向にあると言われている。

私は四国の宇和島の近くで生まれ、大学の学部・大学院時代の九年間を京阪神地域で過ごした。東灘の御影駅から坂道を登ったところに学生寮があった。まだ旧制高校の寮歌が盛んに歌われていた頃である。新入生「歓迎」コンパで、先輩から飲み慣れない日本酒の冷酒をコップいっぱい注がれた。恐る恐る口にすると、それは、思いの他にまろやかで飲みやすいものであったことを憶えている。やっとの思いで自分の部屋にたどり着き、ベッドに倒れると同時に、全宇宙が回転し始めた。その後、何が起こったかは定かではないが、今ここに「酒好みの男」が生きているのである。

私の酒との出会いは、決して人に自慢できたりするような立派なものではなかったはずなのに、気がついて見ると、酒の研究に没頭している自分がいた。二〇〇一年、今世紀が始まった年に、「酒の熟成原理」に関する研究を本格的に開始した。それから四年間で、日本酒やビールなどの醸造酒、ウイスキーやブランデーなどの蒸留酒、その他カクテル類に至るまで、酒と言われるものがなぜ「まろやか」になり、飲みやすくなるのかを統一的に解明できたような気分に浸っている。この道の先達による膨大な研究成果を前にして、いかにも口はばったい言い方ではあるが、世界中の誰もが決して明言することのなかった「単純な原理」を発見できる幸運に恵まれたと密かに思っているのである。

酒と「水―アルコール混合物」

言うまでもなく、酒の主成分は水とアルコールであるので、成分についてだけ見ると、酒と「水―アルコール混合物」間にはさほど大きな違いはないとも思われる。しかし、飲料としては、酒と「水―アルコール混合物」には根本的な違いがある。酒は飲料可能であるが、一方、水―アルコール混合物は飲料可能な状態にはないので、普通は誰も口にしない。何がその違いを生み出すのであろうか。この疑問を解くための本格的な研究は、地元の酒造メーカーの研究員が高知大学を訪ねてきた後に始まったのであるが、そのもとになるカギは、すでに私の生活体験の中にあった。

もう二十年も昔の出来事である。田舎に帰省した折、真珠養殖を営んでいる兄が「焼酎に食酢を添加すると、ワインのような味になる」と、とんでもないことを言い出したのである。兄の勧めるままに飲んでみると、なるほどワイン風味がしたようであった。この時の出来事を兄は今でも、私が「ワインよりもワインらしい味がする」と感嘆の声をあげたと主張する。食酢に含まれる酢酸などの有機酸が、水―エタノール混合物に何かの摂動を与える可能性があるのではなかろうかとの思い付きか、または、その思い付きの痕跡が長い間私の体の中で眠っていたのかも知れない。

酒の醸造過程と熟成

ブドウなどの果物の糖や穀物に由来する糖分は、酵母の働きによってエタノールに変換される。このアルコール発酵は比較的低温で行われる微生物体内での作用（および微生物に由来する酵素反応である）から、大変効率的ではあるが、化学反応とは異なり、反応速度をむやみに上げたりすることはできない。また、生物化学反応ゆえに、糖類からの生成物はエタノールだけにとどまらず、必然的に各種の有機酸などを含むことになる。日本酒の醸造過程においても、乳酸やコハク酸などの有機酸が多量に生産されるために、どちらかと言えば、酸は（それ以上には）必要ないものとして取り扱われる。

一方、焼酎やウイスキーなどの蒸留酒の場合には、発酵液（モロミ）を蒸留するのでアルコール度数が高くなるが、通常の蒸留操作では、必ず酢酸など揮発性の有機酸が移ってくるほかに、微量ではあるが不揮発成分も飛散して混入してくる。太陽エネルギーにより海水を蒸留したものが雨であるとすれば、雨水には、炭酸ガスや海水塩の飛沫が溶存しているのと同様であるといえる。少量ではありながらも蒸留酒に溶存する有機酸は、次に述べるように貴重なものである。

醸造酒中にはすでに有機酸は十二分に存在しているので、それ以上は必要でないことから邪魔者扱いされたが、これは短絡的に「酒にとって酸は必要でない」ことを意味しているのではない。たとえてみると、高知など年間の降雨量が極端に多い地方では、毎年のように洪水に見舞われるので、地元民が、雨は生活に必要ないとまで考えてしまうのに似ているかも知れない。砂漠地帯では、一滴の水も生命維持に欠かせないことは言うまでもないことである。若者たちに人気のある飲み方は、焼酎などをカクテルベースとして、有機酸やポリフェノールを添加した状態で飲用するものであるが、昔風に、焼酎を生《き》でそのまま飲むような場合には、蒸留過程で混入してきた微量の酢酸やクエン酸が、「水—エタノール混合物」を「酒」に転換する重要な役割を果たしていることが分かってきた。

熟成には、本当に時間が必要か

一般に、酒類は時間が経つとおいしくなると言われている。酒に限らず、おいしい飲食物を手に入れようとすれば待たされることが多いので、待つことはそれほど苦にはならず、むしろトキ

ウイスキーの熟成（ニッカウヰスキー提供）

メキさえ憶えるかも知れない。第一に、アルコールを造ること、すなわち、アルコール発酵過程自体にかなりの時間が費やされることからして、「時間が経つとお酒がおいしくなる」との経験則は、とりもなおさず第一法則である。二人で待つとおいしさは時間の二乗に比例するなどの展開も可能となる。

　ところで、酒類の熟成感または「まろやかさ」は、「水とエタノール間の緊密な結合」によって達せられるとの考えは、酒類の熟成に関する研究をしている化学者間の共通の認識であると言ってよいと思われる。これまで私どもは、主に核磁気共鳴およびラマン分光法という手法を使って、水—エタノール間に働く結合力や水の構造性に及ぼす溶存成分の効果について研究し、酒の熟成機構について、ほとんど例外のない「統一的な原理」を提示できるようになった。酒類中に含まれる数百種類以上の成分のうち、特に有機酸（およびアミノ酸）、ポリフェノール類が、ウイスキーなどの酒の熟成に対し本質的な効果を及ぼすことが明らかになったのである。少し専門的になるが、プロトン供与体（未解離の酸分子HAなど）およびプロトン受容体（弱酸からの共役塩基A^-）はいずれも、水とエタノール間の緊密な結合を促進するのである。

ここでは詳細を述べないが、結論としては、「水―エタノール混合物」を「飲料可能な状態（すなわち酒）」に転換するには、必ずしも時間は必要ないのである。アルコール発酵が進行すると き同時に生成するので、お酒が出来上がったときにはすでに十二分に存在しているか（醸造酒）、酒自身が木製樽などの中で時間をかけて獲得するのか（長期熟成蒸留酒）、または、後で添加されるのを待っているか（カクテル）は問わず、ともかくそこに酸類やポリフェノール成分が存在していることが必要条件である。

時間経過による「クラスター変化」の問題

二〇〇四年二月初旬、ＮＨＫの人気番組「ためしてガッテン」を自宅で見ていると、鹿児島ではなく宮崎の焼酎が話題に上っていた。宮崎県のある地方では、焼酎を水で半分程度に割り、二、三日おいてから加熱して飲むと、その場でお湯割にしたものに比べよい味を楽しめるということ（鹿児島・宮崎の蔵元や地元の愛飲家にひろく知られたやり方であるという）が紹介された。

一般に、時間経過によってエタノールクラスター構造が変化すると主張されることがよくある。しかし、エタノール水溶液のクラスター構造変化に関して、私の見解を述べれば、「時間だけ」によってクラスター構造が変化することはありえない。

ところで、温度に差が生じれば、アルコール水溶液の構造性に差が生じる。水と酒類を混合すると、溶解熱により温度が上昇する。温度が高い酒類はアルコールの刺激を強く感じるが、例えば、朝の冷気で冷え切った酒類を飲んでみると驚くほど「まろやか」に変化しており、ゴクゴクと飲み干す人も多いのではないかと思われる。純水や水―エタノール混合物または酒は、温度が低くなると水（とエタノール）の構造性が強まり、固体の氷をモデルにしたような構造をとると推定されるが、そのような氷構造に近い状態の水溶液をなぜか人は好み、「おいしい水」としてゴクゴク飲んでいるのではなかろうか。

おわりに

北白川での大学院時代に、私は実験の合間をぬって他の研究室をよく訪ね歩いた。有機化学系研究室の友人の話では、合成化学の世界には「合成素子」"synthon"が存在するという。それは光子（photon）やニュートロンに近い概念なのだろうか、物質の本質や根源に関わる重要な因子のように私には思えた。ビーカーの中に「合成素子」が元々含まれていたり、または、舞い込んだりしなければ、物質の合成は成功しないのである。

ところで酒類の熟成にも、「熟成素子」とも言える何か必須の因子が存在すると考えてみよう。酒を酒たらしめる根源は一体何であるのだろうか。それは時間だけが果たしえる神聖なものなのだろうか。それは神様のプレゼントなのだろうか。

本文の表題に立ち返りたい。サンタクロースは一体どこから来るのか。サンタクロースは、確か、北の方角から、多分、北極の近くから、クリスマス・イブにやって来て「良い子」が眠っている家にだけプレゼントを配ってくれると私は信じていた。私の心の中には、今でもサンタクロースは生き続けている。幼い頃、土間にあった台所の「かまど」から屋根に突き出た細い煙突があった。子ども心にも、絵本で見たレンガ造りのエントツに比べ、その煙突は細すぎるようにも思えた。しかし、「そのサンタクロースのプレゼントは、実は、あまりにも身近な人の仕業であったのだ」などという空言、いや不敬な異説は、にわかには信じられないどころか、後生だに受入れることはできない…。

（近畿化学工業界六一八号、二〇〇四年十一月号掲載）

平成十六年度「きんか誌エディター賞」受賞記事を一部修正）

【酒と熟成の化学（光琳二〇〇九年）収録、株式会社光琳二〇一四年三月廃業】

地の果てのよさこい

「はらたいらのモンローちゃん　よさこい」

「よさこい祭り」は、夏の高知の風物詩である。両手に鳴子を持ち、よさこいの地歌に合わせ踊り歩く。しかし、それは昔風の土佐をほとんど思い起こさせない程にまで趣向を凝らした激しい踊りである。近年、よさこいは全国に広まり、札幌の「よさこいソーラン」は本場の高知をはるかにしのぐ規模になっていると聞く。二〇〇七年にはブラジル・サンパウロでも、地元民を含めた踊り子によって披露された。二〇〇八年は、日本からのブラジル移民が始まってちょうど一〇〇年である。

二〇〇四年はアテネでのオリンピックの年であったが、七月下旬、ポルトガル北部の古都ポルト近郊の町アベイロに行くことになった。この町の大学で開催される「溶液に関する国際会議」に出席するためである。地元高知の酒造会社と縁ができて、その会社の研究員を大学に受け入れていた。どのような水を使えば、おいしい日本酒が造れるかを調べることが研究の目的であったのだが、いつの間にか酒の熟成の謎を探る問題に関わるようになっていた。本場のポルトワインの熟成度をじかに「研究」したいとの好奇心も追い風となり、はるばるとヨーロッパの最西端に位置するポルトガルにやってくることになったのである。

成田からパリを経由すると、機内サービスの軽食の飲み物はワインに変わった。渋めの赤ワインを飲み、フランスパンをかじりながら、いったい、最終到着地のポルト空港では、改めて入国審査が受けられるのか、期待と不安が交錯していた。ＥＵ域内の入国審査は極端に簡素化されているようで、先ほどのパリ空港では、私のパスポートには、入国の検印が押されなかったからである。ポルト空港からのリムジンバスの終点にほど近い、石畳の坂道を登りつめた丘の上にホテルがあった。

翌日、サン・ベント駅から快速列車に乗ってアベイロに向かった。車窓からはドウロ川の流れが見えた。この川の上流でポルトワインが生産されているのである。首都リスボンの方角に向け南下していると、海水浴を楽しむように大勢の人々が海岸に出ていた。大西洋の海の色は、高知から見る海とは違って見えた。車内放送によると、現在の気温は26℃とのこと、なるほど、ほとんど誰も海には入っていないわけである

国際会議場となったアベイロ大学は近代的で大規模な大学であった。その大学のキャンパス内

で思いがけない植物を発見した。七月の下旬なのに、しかもカラカラに乾き切った中に、アジサイの花が咲き誇っていたのである。梅雨空の下に咲くとしか念頭になかった私には、大きな疑問となった。アベイロは雨が少なく、塩田による製塩が盛んな町である。海岸より内側に入り組んだ潟（ラグーン）の近くまで行くと、でき上がった塩が、あちこちにうずたかく積まれ、まるで小さな富士山のように見えた。

七月二十九日、アベイロでの用務を全て終え、再びポルトに戻ってくると夕刻になっていた。飛行機の出発便は午後であることを確認し、翌日は朝早くから、見残した名所を急ぎ見て回ることにした。サン・フランシスコ教会のすぐ近くにボルサ宮があった。案内係の若い黒髪の女性は、私が日本人であることを知ると、ツアーの開始予定の時刻を三〇分も繰り上げて、私一人のための案内をかってでてくれた。ボルサ宮の「アラブの間」という大きな広間のドアを閉めると、そこは二人の世界となった。彼女は流暢な英語で説明を始めた。難しい内容に私がついていけなくなったのを察するや、日本語の単語を交えて補ってくれた。

「日本からお越しになったナルヒトはこのアラブの間を一番お気に召された」と聞こえたのは幻想だったのか。つかの間の二人のツアーが終わり、握手を求めたとき、彼女は私の両頰に唇を当てた。私のポルトガル語の「オブリガード」は、彼女には「アリガトウ」と聞こえただろうか。

ユーラシア大陸の東の果ては極東と呼ばれる。大陸の西の端に位置するポルトガルにおいて、私は一人だけの「よさこい」を歌い踊った。それは国際会議に参加した日本人仲間には決して好

第３回国際樹液サミットに招待されたロシア連邦功労芸術家ウラジミール・ジバエードフ（バリトン歌手）夫妻、手にしているのはシラカバの樹液

2005 年 4 月撮影

意的に受入れられたものではなかったが…。

　翌年四月中旬、北海道に旅をした。札幌では七月にアジサイが咲き、それが自然に乾燥していき、ドライフラワーのようになることを知った。旭川よりさらに北方の美深《びふか》の山里は全くの雪の中にあった。シラカバの木の根元から溢れ出る樹液の恵みに感謝する「樹液祭り」と、その利用に関する「国際樹液サミット」に参加した。アイヌの人々の造った口噛み酒（？）は、おいしいというよりもすっぱいものであったと記憶している。この地においても私は、土佐の「よさこい」を歌い、踊る熱情を抑えることができなかった。

（ＪＡＬ機内誌「世界の旅」エッセーコンテスト応募二〇〇五年五月二十五日）

【酒と熟成の化学（光琳二〇〇九年）収録、株式会社光琳二〇一四年三月廃業】

私の車と日本の将来

二〇〇九年九月十六日、鳩山内閣が誕生しました。今年の春頃から、週末の高速道路利用料はＥＴＣを装着した車について千円に割引されていますが、今度の政権の公約では、高速道路利用料を原則無料化する方針になっています。また、ガソリン消費に掛る税金も低減されるといわれています。週末の高速道路利用料が安くなってから、私は日帰りで往復六〇〇キロメートルの遠出を比較的頻繁にするようになりました。

一九七九年高知大学に赴任したときには、大学の南側にあったアパートから毎日、自転車をこいで大学に通ったことを思い出します。一九八二年からは、北米のカナダ・カルガリー大学に博士研究員として一年半滞在しました。このとき、ある日本人から、その方が複数所有する日本車を購入するように勧められましたが、私は、そのご提案を断り、当時はまだよく見かけられた大型乗用車の一つであるクライスラーの「プリマス」を、帰国直前の別の日本人から譲り受けることを選びました。Ｖ８気筒エンジン付きフルサイズで、途方もなくガソリンを消費しましたが、それが気にならないほどガソリンの値段は安かったのです。

果てしない雪道を進むクライスラー・プリマス
（カナダ・カルガリー近郊）1983 年撮影

高速道路は縦横に張り巡らされていましたが、高速料金を支払った憶えはありません。一般道路でも、道幅は十分に広く、車の速度はマイルで表示されていたので実感はつかみにくかったのですが、かなりの高速が出せました。その後、米国テキサスA＆M大学に、一年間滞在しました。その時は、フォードのターボエンジン付き「マスタング」を地元の販売店で購入しました。この車の性能はかなり良かったと言えますが、ガソリン消費量は少なくありませんでした。

私はこれまで、国内では四台の車を乗り継いできました。いずれも国産車で、排気量１５００cc程度のコンパクトカーです。現在使用しているのは、一九九九年に私としては初めて新車として購入した愛車です。車検などの定期点検時に整備するだけで、故障による修理を経験したことがありません。これから数年間はこの車を乗り回すつもりですが、その後は、どのような車に乗り換えるか思案しています。地球のエコを考えると、果たして電気自動車やハイブリッド車が良いのでしょうか、それともバイオエネルギーを使用する自動車が良いのでしょうか。

私は、電気化学に関する研究を三十年以上続け、リチウム電池の性能向上に繋がる基礎研究を続けてきました。リチウム電池は鉛蓄電池と同様に、充電可能な二次電池ですが、鉛蓄電池に比べ大変軽量です。リチウム金属が関与するため、溶媒は水でなく、非水溶媒を用いていますので、高温になると発火することがあります。水素などを直接電気エネルギーに変換する燃料電池は、少し大がかりであり、コンパクトカーに搭載するのは得策ではありません。近年、トウモロコシなど植物の糖分をエタノールに変換し、「バイオエネルギー」として利用することが盛んになってきました。酵母（イースト）によって、一分子のブドウ糖から二分子のエタノールが産み出されますが、そのとき、同時に二分子の二酸化炭素が排出されます。また、トウモロコシを効率的に生産するには、大量の化学肥料や農薬類の使用が欠かせないことにも留意が必要です。

新政権は二〇二〇年に二酸化炭素などの温室効果ガス排出量を、一九九〇年比で二十五％削減するという高い目標を掲げていますが、この方針は欧州連合（ＥＵ）に絶賛されているようです。ＥＵはフランスを中心にして、石油などの化石燃料ではなく、特に、原子力エネルギーの利用を推進しています。高速道路利用料の撤廃とガソリンの低価格化の実現を目の前にして、日本の社会もやっと北米水準に漸近してきたとの感慨にふけることができました。

しかし、エネルギー問題はあまりにも複雑です。今私のできることといえば、公務員等の給与削減に歩調を合わせて、車による一日六〇〇キロメートルの遠出を控えめにすることでしょうか。

（高知大学共通教育パイプライン三四号 090918 特集「あなたのエコ対策は？」二〇〇九年）

藤永先生とシャクナゲの花

京都岩倉長谷町の藤永邸は、電車を降りて二十分くらい北に歩いたところにあった。藤永太一郎先生のお宅で開かれる「観藤会」に、私が初めて出席した時のことである。一九七四年の五月頃であった。藤の花が咲いたお庭に、研究室の職員や学生、その他関係者など約三十名が集まり、バーベキューをご馳走になった。

この年の四月から、私は京大理学部の大学院修士課程、「分析化学および海洋化学分科」講座に入学を許された。ポーラログラフィーを始めとする電気分析化学法（藤永先生、岡崎敏助手）、ガスクロマトグラフィー（桑本融助教授）、溶媒抽出法等（小山睦夫助手）の分離分析法と陸水・海洋化学分野（小山・桑本）を包含する大規模な研究室であった。連携研究室として、宇治の化学研究所には、放射化学講座があり、重松恒信教授、松井正和助教授等がおられた。また、教養部の東慎之介教授も、研究室主催の雑誌会に参加されていた。

私は電気分析化学の研究を希望していたので、藤永先生から、「非水溶媒中における二酸化炭素のポーラログラフ的還元」を研究テーマとして与えられた。二酸化炭素から有用な有機化合物の再生を目指す研究であり、先生はその重要性を説かれた。私が伊豆津公佑先生の指導を希望すると、「伊豆津君は、もう居ないんだ。信州大学に移った」と告げられた。

幸い先輩として、桜幸子さんや坂本一光さんが非水溶媒電気化学の研究をされていたので、一から指導を受けることができた。修士課程では、CO_2、COS、CS_2のポーラログラフ的還元挙動の実験を通して、水溶液とは異なる非水溶媒の特性を体感することができた。

神戸のお生まれで、（旧制）大阪高等学校ご卒業の藤永先生は、理由はともあれ、神戸大学出身の出来の思わしくない学生を受入れて下さった。阪大理学部の池田研究室と強い絆を持ち、合同の卒論発表会を開くなどされていた。私は池田重良教授とは、たまたま大学院入試のときから面識を得ていたが、池田先生にお会いしたとき、「北條は、手が動いていないらしいな」と言われ、私の実験が進んでいないことが大阪にまで伝播していることを知り、身の縮む思いがしたことを覚えている。

藤永先生は、太平洋戦争の開戦前に卒業研究（一九四一年十二月卒）を始められたという。理学部から農学部に出向き、館勇先生からポーラログラフィーの手ほどきを受けた。最初に指示されたことは、硝酸鉛を化学天秤で秤量することであり、写真式ポーラログラムを得ることができたと聞かされた。当然ながら、農学部の千田貢教授の研究室とも交流は活発であり、ポーラロ学会の会長でもあった千田先生には、私自身もご指導を受けた。博士課程時代の研究で、「アセトニトリル中における単体硫黄の電気化学的還元反応」の論文を、私としては初めて日本化学会の

Bulletin に投稿したところ、思いの外、好意的な審査意見が戻って来た。明確な根拠があるわけではないが、千田先生が審査に関われたと、私は直感した。

研究室には、海外からの研究者が引きも切らず訪れた。藤永先生は電気分析化学、分析化学を通して、内外の研究者と非常に広範で太いパイプで結ばれており、その交流の様子を、我々弟子たちはよく観察し、また、その関係の一部を享受することができた。

1978 年三月頃来日した Roger G. Bates 教授夫妻と藤永先生　Bates 教授は "Determination of pH – Theory and Practice" の著者

岩倉藤永邸では、春の「観藤会」と、秋には「観月会」が開かれた。何時の頃からか、バーベキューの肉は、ラムからビーフに変わっていた。私が高知大学に赴任してからも、招待状が届き、機会があるごとに出席した。あるとき、奥様から「北條さんはいいわね。実家が近くて」と言われたことがあった。「藤永先生のお陰で、本当にいい所に落ち着くことができ、ありがたく存じております」と答えるべきところを、愚かにも私は「確かに、四国の中ですが、宇和島近くの実家と高知間は車で四時間半もかかって、決して近くはないのですよ」と答えた。藤永先生と奥様お二人は、このような不出来な弟子でも、そっと静かに待ち、何とか成長していくのを見守って下さった。

先生のお宅の庭で、「大事な宝物」を見せていただいたことがあった。それは鉢植えのシャクナゲであった。京都北山からの移植だったのだろうか、それほどは元気がなく、花も咲いてはいなかった。しかし、そのシャクナゲも地に根付けば、根を張り、やがては花を咲かす日が必ずくることを望まれた先生の強いご意志がこもっていたように思われて仕方ならない。

(Review of Polarography, 60(2), 140 (2014) 収録)

時空を超えた三十六年

思えば遠くまで来たものである。高校時代に宇和島で三年間下宿生活し、学部時代は神戸の住吉寮に四年間、大学院修士課程時代は、北白川仕伏町に二年間、京大熊野寮では、博士課程になって三年間過ごした。それから直ぐに高知大学に赴任し、いま三十六年目である。

学生運動が過激化し、東大の入試が中止となった翌年に、大学に入学した。その神戸の住吉寮でもそうであったが、熊野寮でも、まだ学生運動が盛んで、ガリ版刷りの資本論の一節などの読み合わせ会などに呼び出された。当時の私には、マルクス主義などの思想は少し難しすぎたようである。寮生大会では、深夜まで議論が延々と続き、さらに次第に空が白み始める頃になると、何だか心空しくなってきたことを思い出す。

当時の私にとっては、大きな社会問題よりも、身近な研究の実験結果のほうが、いっそう切実であった。修士課程では思ったような結果が出ず、かなり焦っていたのかも知れない。専門は分析化学、電気分析化学であるが、博士課程になってからは硫黄化合物の電気化学的還元反応を調べていた。毎日が不安であった。果たして研究が進み、学術論文が書けるようになるのか。それを学術誌に投稿しても採用となるのか。そして究極的には、学位が得られるのか。今となっては、自分でも確信できないのだが、不安が募り、たわいもない花占いのようなことまでしたかすかな記憶が残っている。

熊野寮で過ごした三年間に、研究は何とか進展し、それにより大学の職と学位を得ることができた。その後は、大学院時代の研究を基に、少しずつ研究領域を広げていき、現在に至っている。今の私には、少しだけ自慢できる成果がある。半分以上は、単なる自己満足であるかもしれないのだが。

その一つは、「酒の熟成現象」の本質を解き明かしたことである。従来、酒の熟成、すなわち水とアルコールが微視的に（分子レベルで）混合するには時間が必須であるとされてきたが、私はこの通説を覆したのである。有機酸やポリフェノール類を添加する、または共存させることにより、一瞬にして水とアルコールが微視的に混合し、水分子とアルコール分子間のプロトン交換が盛んになり、水とアルコールの区別のつかない状態が達成されると主張したのである。

二つ目は、海水に純金が容易に溶解することを発見したことである。無論、海水中には、ごく微量の金（Au）が溶存していることが知られているが、その溶解機構は不明であった。ところで、王水（濃硝酸と濃塩酸の混合物）には、純金などの貴金属が溶解することがよく知られている。また濃硝酸は強い酸化力を有するが、濃度の低い希硝酸には酸化力はないと化学者に信じられていた。しかし私は、永年にわたる溶液研究の結果を基に、無数ともいえるほど多数のH_2O分子の集団化による「水の特性発現」に関する独創的な説を提唱した。そして塩類を含む希硝酸水溶液の酸化力の発現機構を明らかにし、ついに海水中（希硝酸混合）に純金を溶解させることに成功したのである。

スイス・ローザンヌ近郊のブドウ畑
（レマン湖の湖面からの反射光を活用している）
2014 年 9 月撮影

つい先週、スイス・ローザンヌにあるＥＰＦＬ（スイス連邦工科大学ローザンヌ校）において国際電気化学会が開催され、多数の日本人参加者の一人として私も出席した。ＥＰＦＬはフランス語で表記されているが、チューリッヒにはドイツ語のＥＴＨ（Ｚ）があり、これらの二校はスイス連邦工科大学の姉妹校同志である。国際会議の終了後、私はローザンヌから首都ベルンを訪れた。

ベルンでは、旧市街にある小さな博物館「アインシュタインの家」を、運よく見つけ出すことができた。アインシュタインは一九〇二年から一九〇九年まで、ベルン市内で過ごしたが、この間に、「特殊相対性理論」に関する論文を発表した。この理論

小さな博物館近くの商店に掲示されていたアインシュタインの式（スイス・ベルン旧市街）
2014年9月撮影

は新しい空間時間論を提案したものであり、平たく言うと「光の本質」を解き明かしたものといえる。

私は、溶液化学の研究の中で、「水の本質」を解き明かすことができたと信じている。研究論文の積み重ねにより、高知城の石垣のごとく、大地震にも耐えるゆるぎない概念として確立したと自負できるようになっている。しかし、この概念が広く一般に受け入れられるには、さらなる奮闘とさらなる長い年月が必要とされるのかも知れない。

（京都大学熊野寮五十周年記念誌
二〇一四年十一月発行 同年九月記）

※第三部　酔文対話「水とアルコール擾乱の行方」は
巻末 286 頁より始まります。

第三部　酔文対話
水とアルコール擾乱の行方

敬虔なる全ての化学の徒に捧ぐ。

“Do common things uncommonly well.”

George Washington Carver（米国の植物学者，化学者，
科学者，発明家 1864-1943）の言葉

2x15 年 12 月

登場人物

バカンティ教授—綿密な化学実験に基づき，酒類の熟成現象を本質的に解明したと主張している人物。その他，溶液中の化学反応について，従来の通説とは根本的に異なる新説を次々と提唱した。

オーソレミタ教授—伝統的な化学の権威者で，バカンティ教授の提唱する学説をことごとく異端視している。

竹嶋研究員—バカンティ教授と酒の熟成現象について共同研究している。スコットランドのウイスキー製造会社ベンネヴィスで研鑽した。

審問委員会の開催場所：王宮礼拝堂

道化師：さあーて，賢明なる読者の皆さん，かつては世界一の知恵者とも謳われた道化の出番である。この道化に掛かれば，どんな難問もうまく解決するはずだ。少なくとも，これまではそうであった。しかし，この世の中には，何ともご大層な男がいたもんだ。お天道様は，東の空に顔を出し，夕方には西に沈む。赤子でも知っているこんな当たり前のことを，あべこべだとしたもんだ。なに？　お天道様ならぬこの揺るがぬ大地が，西から東に動いているって？　そんなバカなことを言い出した男は，バチカンで宗教裁判に掛けられたと言うが，結局どうなったって？　記録を見れば分かるはずだ。何と，いくら探しても記録が見つからない？　まとめて焼却処分にでもされたのだろう。まあ，記録がなくてもどうしたこともない。これから始まる傑作男の審問裁判には関係ないことだ。

ここに，一つだけ真実がある。「有」は即ち「無」であり，また逆に「無」は即ち「有」であると。東洋の哲学にはこういう知恵があったと，この道化の頭の中には記録されているのだが。

さあーて，賢明なる読者の皆さん，これから一週間にわたる悲劇ならぬ大喜劇の幕が切って落とされました。

「天文対話」（1632年）を出版した
ガリレオ・ガリレイ

月曜日

水とアルコール

（オーソレミタ教授） この世界には，幾多の酒が溢れ，人々はそれを享受するか，または悩まされ続けている。古来，酒類の熟成現象は不明であるとされ，数々の科学者がその解明に向けて苦難の研究を積み重ねてきたにも拘わらず，まだその完全解明には至っていない。酒の神バッカスのみがその秘密を知っているのであろう。一般的な科学研究の成果についても，酒の問題と同様，人々はそれを享受するか，または悩まされ続けている。

ともかく，酒は嗜好品であり，古来，酒造りには時間が必要であることは，自明の理である。しかるに，被告バカンティ教授は，わずかの期間の実験データを拠り所として，時間経過によらない酒の熟成原理を解明したと称し，それを臆面もなく公表し，2xx9 年には単行本まで出版するという暴挙に及んだ。私，オーソレミタ教授は，善良なる市民を惑わす当該書物「酒と熟成の化学」を発行禁止処分とし，またバカンティ教授のアカデミー会員身分に対し相応の措置を講じる所存である。ただし，処分の執行は，本日から 5 日間にわたる王宮礼拝堂における審問の結果に依拠するものである。

本審問委員会の委員長は，私オーソレミタ教授が務める。各

委員においては必ずしも詳しい化学の専門用語に通じているとは限らないゆえ，バカンティ教授には慎重かつ丁寧な説明を心掛けるべく予め強く忠告しておく。

（バカンティ教授） 今から約 1 万年前に，中東で小麦や大麦の栽培が始まって以来，ビールが生産されるようになったとされています。一方，ワインなどの果実酒が人の手で生産され始めた時期は，必ずしも明確ではありません。樹木の梢で熟し過ぎた果実の中の糖分が，飛来してきた酵母の作用により発酵すると，アルコールが生成されます。このようにしてアルコール分が含まれるようになった果実は，その辺りに生息するあらゆる動物（昆虫類や鳥類，哺乳類）の餌物となっていたはずです。猿に進化する前の，人類のずっとずっと遠い祖先であるネズミのような小型哺乳類は，樹上に残った果実，地上に落下し腐った果実を問わず，見つけ次第，餌物にしていたことでしょう。こう考えると，動物または人類は相当長い年月にわたり，それとは知らずアルコール含有の餌物または飲料と付き合ってきたことになります。

このような地球上で起こってきた気の遠くなるような長い時間に比べると，確かに，私共の酒類に関する 10 年程度の研究期間は，一瞬にも及ばないような短期間にしか過ぎません。しかし私共の研究の背景には，十分に長い助走または準備期間がありました。後に登場致します竹嶋研究員は，ウイスキーの聖地スコットランドの製造現場で研鑽を積み，ウイスキーの製造方法に精通しただけではなく，ウイスキー以外の多岐にわた

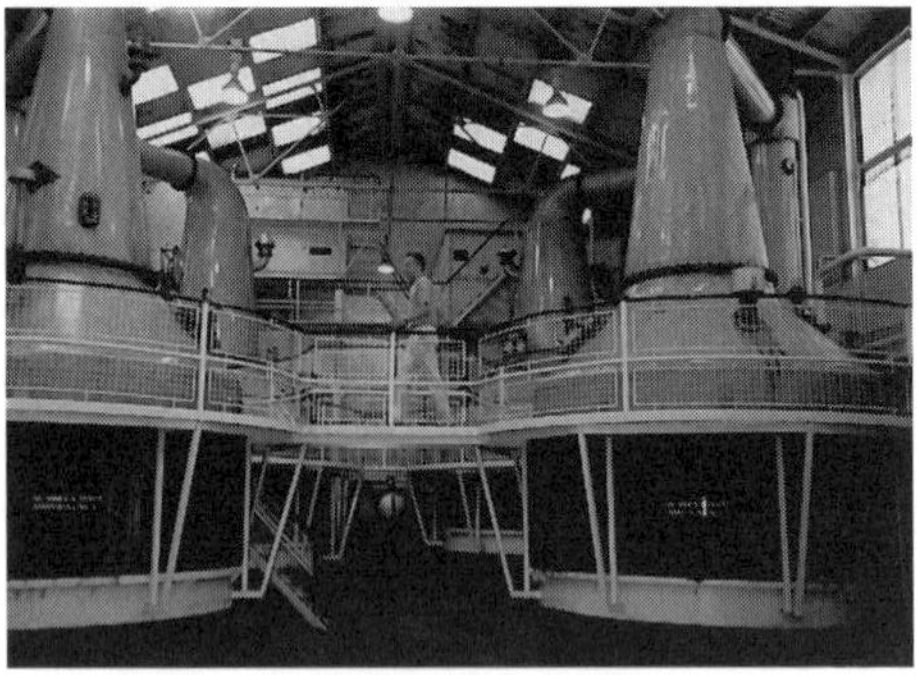

ウイスキーの単式蒸留器
（スコットランド，ベンネヴィス蒸留所）
2006年9月撮影

る酒類の製造方法や熟成に関する技術・知識を身に付けておりました。

私，バカンティ教授は化学研究の修業時代以来，40年以上にわたり溶液反応に関する研究を続けて参りました。私が主対象にしたのは水溶液ではなく，むしろ（水やアルコール以外の）非水溶媒に関するものでしたが，そのことが図らずも，水やアルコールと対峙したときに，難問解決の手がかりとなる着想を得ることに繋がったのです。水やアルコールばかりを対象として研究しておりますと，その媒体または環境に慣れ親しんでしまい決して気付きませんが，水やアルコール以外の非水溶媒中で研究を続けることによって，却って，水やアルコールの本質を見出すことが出来たのだと存じております。

酒の熟成に関する統一的な原理の発見は，私共の長い溶液研究の流れの一隅で見出されたものと心得ております。

（オーソレミタ教授） アルコール飲料の熟成原理とやらの主題とは，少し離れるが，バカンティ教授はその一連の研究の中で，

水を「バルク水」と「二水素エーテル」と称するものに分けて考えるとの説を唱えて，平穏で神聖なる学問たる化学の世界を，あえて混乱状態に陥れようと企んでいるように疑われる。本主題とも関連が深いゆえ，まず，この「二水素エーテル」なるものが如何なるものか，また如何なる理由でこのような愚説を唱えるのか尋問致す。

(バカンティ教授) オーソレミタ教授には，この 15 年ほど前に，私共が提唱しました「二水素エーテル」についてご説明致す機会を与えていただき深く感謝します。「水といえば H_2O であり，H_2O は水である」というように簡単に考え勝ちでありますが，まず初めに，我々が日常接する液体状態の水なるものと H_2O 分子とを明確に区別しておく必要があります。各物質は温度（T）と圧力（P）の条件により，3 つの異なる状態すなわち固体，液体および気体の状態（三態）をとることができます。この大気圧下で，水は 0℃から 100℃において液体状態にあることは申し上げるまでもありません。

他の物質，例えば，メタン（CH_4）やその同属類であるプロパン（C_3H_8）やヘプタン（C_7H_{16}）も水と同様，三態をとります。このうちヘプタンは，大気圧下で，－ 91℃から＋ 98℃の間で液体となります。ヘプタン等の分子間に働く相互作用はファンデルワールス力と呼ばれる相互作用であり，低温時の－ 91℃にあっても高温時の＋ 98℃であっても，ヘプタン液体の持つ化学特性に大きな違いは生じません。このように液体状態であれば，温度差に係りなくほぼ一定の化学特性を示すような事情

は，液体状態のメタン（液化天然ガスの成分）やプロパンについても同様です。このような場合には，「メタンは CH_4 であり，逆に CH_4 はメタンである」と表現しても，問題は生じないでしょう。

しかし水の場合は事情が異なります。水の分子間には，ファンデルワールス力よりも強い力の水素結合と呼ばれる結合力が働くからです。透き通った氷の結晶は，水素結合によって水分子が繋がり，三次元に広がったものです。熱が加えられ 0℃で，氷の結晶が水に融解した時には，氷の結晶の 10％ほどの水素結合が切断されるとされます。その後，水温が上昇するごとに，水分子間の水素結合は更に切断されていきます。沸点の 100℃では，水分子間の水素結合が大幅に切断されますが，それでも水の水素結合は残存しています。気体（水蒸気）となった水は，水素結合が切れてしまい，（理想的には）孤立した H_2O 分子になります。

このように考えていくと，液体の水であっても 0℃と 100℃では，水素結合状態が大きく異なっていることがよく分かります。温度変化による水の水素結合性の変化は，化学的な測定手法（例えばラマン分光法 [1]）によって明確に観察されます。このように，温度変化やその他の原因により水分子間の水素結合性に変化が起こることはよく知られておりました。そして，水素結合切断による水構造の破壊と水の化学特性は関連付けて考察されてきました。しかしながら，水の化学特性変化の原因を根源的に考察した人は，これまでほとんどいませんでした。

（オーソレミタ教授） 水の水たる所以を考察し，それを明らかにしたとの主張のようである。

（バカンティ教授） 水や他の溶媒の特性を表すための指標が，数多く提案されてきました。そのうち有力な指標の一つとして，E_T (30) という値があります。これはドイツ・マーブルクの C. Reichardt 教授が提唱したもので，ある一つの溶媒にベタイン色素を溶解させ，その吸収波長の値から，バルク溶媒としての酸性度を割り付けるものです。例えば，水およびヘプタンには，それぞれ 63.1 および 31.1 の値が当てられています。このように E_T (30) の値が大きい水はヘプタンに比べ，プロトン（水素イオン）を外に出しやすい，もう少し正確に表現すると，水素結合供与性が高いことを示しています。

　他の指標としては，V. Gutmann のドナー数（D_N）およびアクセプター数（A_N）[2] が有力です。ここで，ドナー数は溶媒の塩基性度（陽イオンに対する溶媒和力），アクセプター数は溶媒の酸性度（陰イオンに対する溶媒和力）の尺度となります。バルク溶媒の酸性度を表わすアクセプター数は，水およびヘプタンについて，それぞれ 54.8 および ～ 0 となっています。
ある物質（溶媒）のドナー数（D_N）は，有機溶媒 1, 2 －ジクロロエタン中にその物質を少量だけ溶解させて測定します。そのようにして測定された水およびエタノールのドナー数（D_N）はそれぞれ 18.0 および 20 であり，これらの値はジエチルエーテルの 19.2 とほぼ同じ値となっております。しかし，このように三者のドナー数（陽イオンに対する溶媒和力）がほぼ一致

することは，一般的な化学の感覚とは全く異なっております。大概の化学者の体験からすると，水やエタノールの溶媒和力は $D_N = 18$ よりずっと大きな値でならなければならないのです。幸いにも，バルク溶媒としての水およびエタノールのドナー数は，原理的な手法からではなく間接的な手法により，それぞれ約 40 および 30 と割り当てられており [3]，これらの大きな値こそが，私共化学者の感覚と一致します。

ここで最も強調しておきたいことは，有機溶媒中に極少量だけ溶解した状態では，H_2O のドナー数は 18 ですが，バルク水のそれは約 40 であることです。本当の水のドナー数（D_N）は一体，18 なのでしょうか，それとも 40 なのでしょうか。

このように水が示す二面性は，さらに別の手段によるシグナルからも知られておりました。プロトン NMR（核磁気共鳴分光法）を測定すると，溶媒クロロホルム（$CDCl_3$）にわずかに溶解した水は，化学シフト値 $\delta = 1.5$ ですが，サンプル管の縁に付着した水（水の塊）は $\delta = 4.7$ を示します [4]。これら 2 つのプロトン NMR 化学シフト値（1.5 および 4.7）は何を語っているのでしょうか。有機溶媒中に極少量だけ溶解している水（H_2O）は，水の集合体がちぎれてしまい，孤立した状態になっていますから，バルク水（膨大な数の水集団，水塊）とは明らかに異なった状態にあるのです。

水素結合が切れて孤立した水と，その逆の大集団の水が示す特性の相違は，一体何に由来するのでしょうか。水らしさ，すなわちバルク水の特性はどのようにして生じるのでしょうか。それは水の水素結合による大集団のネットワーク形成によるも

のであると，私共は考えました。1 分子の水（H_2O）や小集団の水は，大集団の水（$[(H_2O)_\infty]$）とは，全く異なる特性を示すのです。少数の水分子からなる集団（または孤立化した水）の塩基性は大変小さいのですが($D_N = 18$), 水素結合ネットワークを通して水分子が大集団化することにより，水の塩基性は非常に大きくなるのです（$D_N = 40$）。

今度は，水が示す二面性のうち，どちらが本当の水の姿なのかを考えてみましょう。孤立した水分子はジエチルエーテルと同等の塩基性しか持っていませんが，大集団中の水は大きな塩基性を獲得し，まさに「水」となります。孤立した水分子が示す特性に対し, 1998 年に私共は「二水素エーテル（[H]-O-[H]）」という概念を提案いたしました [5]。

水が「二水素エーテル」状態へと変貌するのは，水の大集団が小集団へ変化したとき，すなわち水の水素結合ネットワークが破壊された状態にすればよいわけです。水の大集団が破壊され，水が「二水素エーテル」状態になるのは，次のように様々の場合が考えられます [6]。

（1）有機溶媒中に含まれるごく低濃度の水,（2）高濃度の塩を含む水溶液または水—有機溶媒混合溶液,（3）ナノチューブや逆ミセル中の微小水滴（$n_w < \sim 10^7$),（4）金属電極，イオン交換樹脂，タンパク質，水とは混和しない有機溶媒およびガラス表面等近傍の水,（5）超臨界水状態など高温の水。
このうち,（2）の高濃度の塩を含む水溶液中で水の水素結合ネットワークが破壊される状態を図 M-1 に示します。純水から塩濃度が高くなるにつれて，水の特性はバルク水状からアル

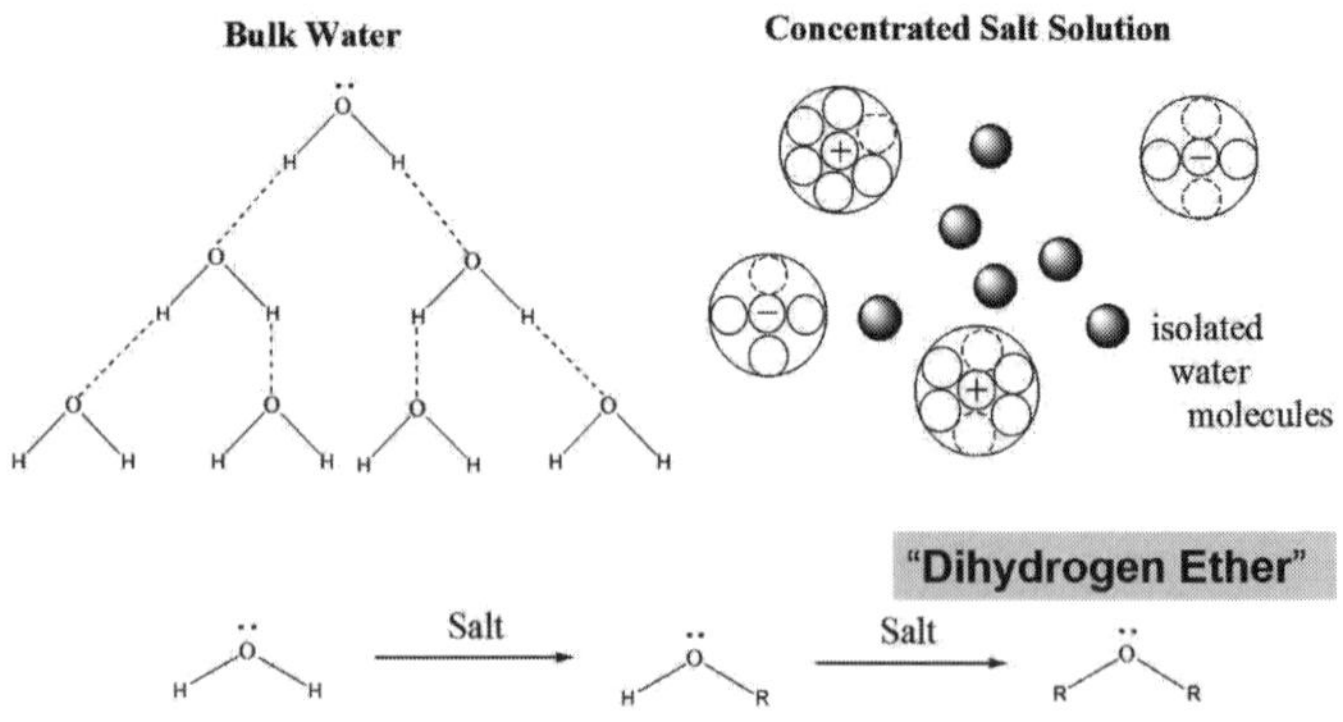

Scheme 1 Alteration of bulk water to isolated water molecules.

図 M-1　濃厚塩共存によるバルク水から孤立水分子への変化

コール状，エーテル状へと連続的に変化します。塩ではなくても，水と混和し易い有機溶媒を添加していくと，水の特性はバルク水状からエーテル状へと連続的に変化することが実験的にも確認されました [6]。

(オーソレミタ教授) かくにも長々と「二水素エーテル」なるものについて，説明してくれたものだが，一体，何のために，バカンティ教授はこのような愚説を説いておるのか。かのアインシュタインが，相対性理論の中で「光の正体，光の本質」を説いて物理学の飛躍的な発展に貢献したが，まさか，化学の分野において，バカンティ教授が本気で「水の正体，水の本質」を説こうとしているのではあるまいな。

(バカンティ教授) 無論，そのような大それた意図を持っているわけではありません。私共が，水の二面性の原因を深く考察したのは，他ならぬ私共の研究を何とか正当化するためでした。本日は，陳述の最後に，私共に対するよくある批判に応えておきたいと存じます。それは，「塩濃度変化に伴うイオンの活量係数の変化にあまり注意を払わず，ひたすら水の活量，または水の特性変化の視点からのみ化学反応を説明しようとしている」との批判です。

私共は化学の徒ですから，イオン活量係数の変化による平衡定数への影響については，十二分な考慮を致して参りました。但し，それは電解質濃度が約 0.01 モル濃度程度までの場合についてであり，0.1 モル濃度を超えるような場合には，重きを置かない立場です。電解質が 0.1 モル濃度を超えると，強電解質といえども完全解離はできませんので，イオン強度の概念さえ怪しくなり，イオン活量係数が不正確な（または怪しい）ものとなるからです。

F 大学の故玉虫伶太教授は，著書「活量とは何か」[7] の中で，次のように述べています。「1:1 型強電解質水溶液（25℃）の場合，濃度が約 0.1 mol kg^{-1} 以上では，デバイーヒュッケル理論における仮定や近似が成立しなくなると同時に，非理想性の原因として静電的なクーロン力以外に特異な相互作用を考える必要が出てくることを示唆している」。

私共は，玉虫教授の記述を是として研究を進めて参りました。そして希薄水溶液から濃厚塩水溶液に至る，溶液反応に対処する私共の基本的概念を明示致しました（図 M-2)。濃厚塩溶液

強電解質濃度（1：1型）	0 ～ 0.1 / mol dm^{-3}	0.1 ～ 5 / mol dm^{-3}	5 < / mol dm^{-3}
水の状態	バルク水状態	中間状態	二水素エーテル状態
水溶媒のドナー数	～40 >	40 > ------- > 18 連続変化	> 18
有用性			

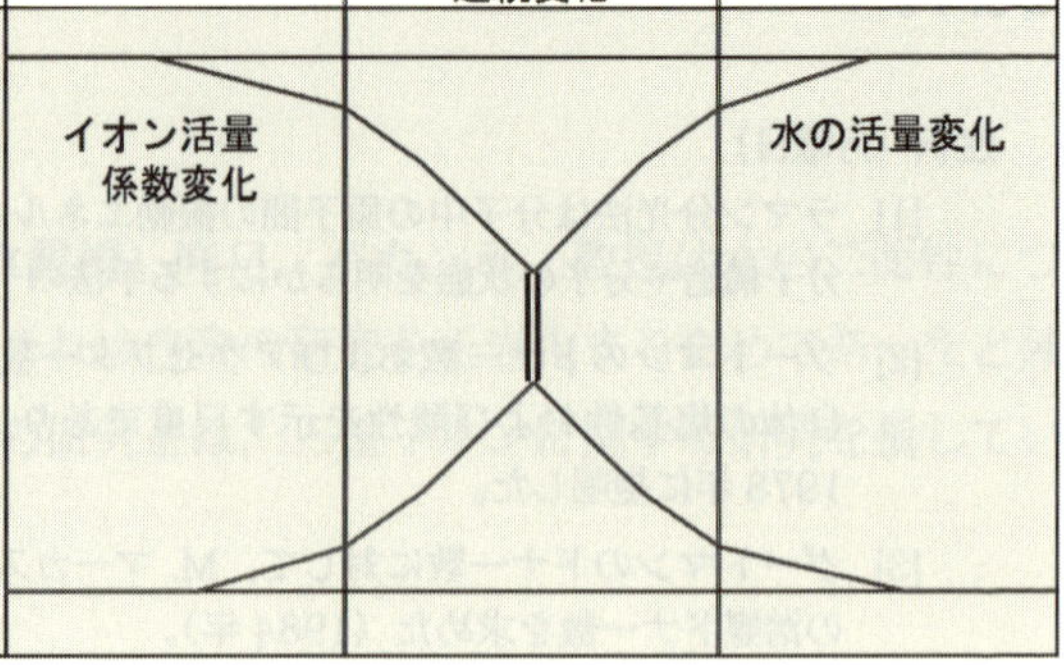

図 M-2
水溶液における強電解質濃度の変化に伴うバルク水と「二水素エーテル」の関係

中では，「静電的なクーロン力以外に特異な相互作用を考える必要が出てくること」を真剣に受け止めねばならない事態に，幾度と無く遭遇してきたからです。

（オーソレミタ教授） 水の性質を捻じ曲げて解釈し，しかも，あのデバイ－ヒュッケル理論の一般性にまで異議を唱えているようである。

（バカンティ教授） 強電解質濃度が高くなると，厳密にはデバイ－ヒュッケル理論が破綻するのは，クーロン力以外の特異な相互作用が働くからであると玉虫教授は指摘されているので

り，溶媒の誘電率を自由に変化させることができます。この混合溶媒の誘電率が高い時には，1：1強電解質である四級アンモニウム硝酸塩のモル導電率（Λ）は，電解質濃度（c）が上昇してもほとんど変化しません（わずかながら直線的に減少）。しかしジオキサンの混合比を増やして，誘電率を下げる（$\varepsilon_r \sim 12$）と，「強電解質」であった塩は弱電解質として挙動するようになり，モル導電率（Λ）は，濃度増加により急激に減少します。

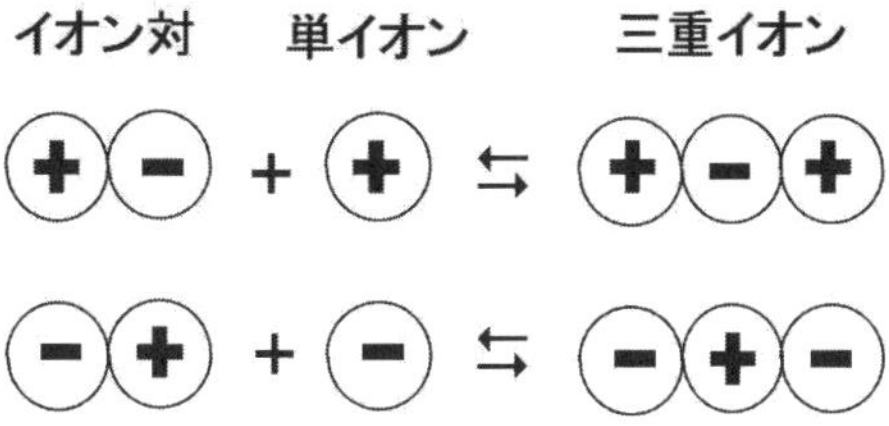

低誘電率媒体中における静電的相互作用による三重イオン生成の概念

さらに誘電率が低下し，10よりも低くなると，塩濃度が増加するに伴いモル導電率（Λ）は，いったん低下し極小に達した後に，（再び）上昇してきたのです（図 Tu-1 参照）。モル導電率（Λ）が上昇するのは，電荷を運べる化学種が増加した証拠ですから，（電荷を運ばない）イオン対と（運ぶ）単イオンが結合し，三重イオン（電荷を運べる化学種）に変化したのだと考えられました。

その後，他の数多くの電解質の導電率曲線上にも極小が観測され，静電的相互作用による三重イオン生成の概念は広がりました。しかし研究者の中には、静電的相互作用によってイオン対（⊕⊖）と単イオン（⊕または⊖）とが結合することは有り

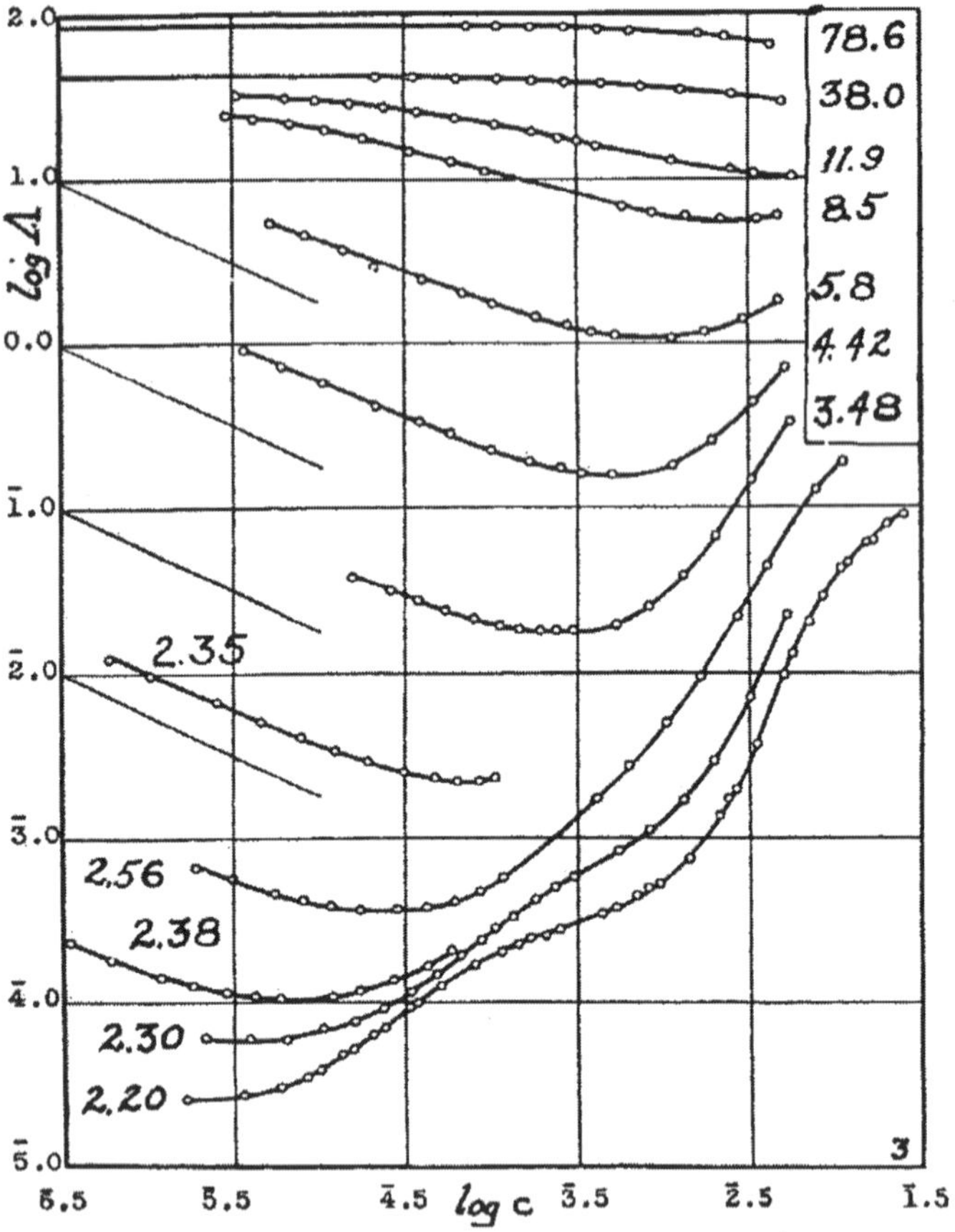

FIG. 1. Conductance of tetra*iso*amylammonium nitrate in dioxane-water mixtures.

図 Tu-1
ジオキサン—水混合溶媒中における四級アンモニウム硝酸塩の導電率変化
（C. A. Kraus: Science, 90, 281 (1939) から引用）

得ず，導電率曲線上の極小は，他の要因（イオンの活量係数の変化を考えるだけ）で，簡単に説明できると主張する人もいます。私共は，イオン対と単イオン間の結合には，静電的相互作用以外の力が働くのだろうと解釈致します。ともあれ，低誘電率媒体中（$\varepsilon_r < \sim 10$）中においては，イオン対の他にイオン対を超える高次イオン会合体が生成し得るが，高誘電率媒体中では「強電解質」のイオン会合は起こりにくいとするのが定説です。

（オーソレミタ教授） 三重イオンの一般的な説明であったようである。しかしながらバカンティ教授は，一般的に三重イオンが生成するとされる低誘電率媒体中ばかりではなく，高誘電率媒体中においてさえ三重イオンが生成すると主張したのではなかったか。

（バカンティ教授） いかにも私共は，低誘電率媒体に限らず，比較的高い誘電率媒体中（$20 < \varepsilon_r < 65$）における，三重イオンなど高次イオン会合体の生成を実証致したと信じております。

（オーソレミタ教授） 自分たちで実証したと信じるのは勝手ではあるが，特に，高誘電溶媒であり，リチウム電池の開発にも直接関係するプロピレンカーボネート（PC：$\varepsilon_r = 64.4$）中のパーフルオロ酢酸リチウム（CF_3COOLi）が強いイオン会合をするとのバカンティ教授の主張 [2] に対して，ドイツの J. Barthel 教授 [3] は強い批判を浴びせていたが，さてバカンティ教授，如

何かな。

（バカンティ教授） 確かにBarthel教授によるこの強い批判には閉口致しました。私共の研究に誤りがあるのではないかと，世間に印象付けかねないからです。そこで私共は，多数のフッ素化されたカルボン酸塩の電気伝導度，紫外・可視およびNMR分光法の実験結果に基づき，批判に対して反論する論文[4]を発表いたしました。イオン会合の程度は，溶媒の誘電率に依存するのは確かではあるが，もっと重要なポイントは溶媒の溶媒和力であることを示し，Barthel教授の批判には十二分に応えております。

一方では，比較的早い段階から，S大学の伊豆津公佑教授は，高誘電率媒体中における高次のイオン会合に理解を示していただいております。彼の著書[5]から引用すると次の通りです。「最近，アセトニトリルのような比較的高誘電率でありながらも酸性・塩基性の弱い溶媒中では，三重イオンが予想以上に生成しやすいことが報告されている」。

（オーソレミタ教授） いかにもS大学の伊豆津公佑教授は，電気分析化学の分野では著名であり，各方面からの信頼も厚い。しかし，三重イオンに関しては同意できない。私の見解はむしろドイツのBarthel教授に近い。バカンティ教授には，三重イオンの研究を開始した経緯を審問する。

（バカンティ教授） これから，どのような経緯で，私共が三重

イオンなど高次イオン会合に取り組むようになったかを，順を追ってご説明致します。それは私の学位論文研究にまで遡ります。当時，私は非水溶媒中において，無機硫黄化合物の電気化学的還元反応を研究しておりました。二塩化二硫黄 (Cl-S-S-Cl) を電気化学的に還元すると，S-Cl 結合が切断され，S_2 と 2 当量の Cl^- に分解するが，S_2 は即座に多重化し，安定な S_8 分子になることを示しました。次に，S_8 分子を電気化学的に還元すると，溶液は青色になり，それは化学種 $S_8{}^{2-}$ および $S_6{}^{2-}$ などによることを明らかにしました。今度は，四窒化四硫黄（S_4N_4）を電気化学的に還元すると，まず $S_4N_4{}^-$ が生成するが，それがすみやかに分解して，ベンゼン（C_6H_6）分子に似た 6 員環構造を持つ安定な化学種 $S_3N_3{}^-$ になることを見出しました。

しかし，溶液中に十分量の酸が存在すると，$S_3N_3{}^-$ にはならずに $S_4(NH)_4$ が生成することを突き止めました（図 Tu-2 参照）。溶媒アセトニトリル中に十分量の酢酸を共存させておくと，電気化学的還元によって生じた $S_4N_4{}^-$ が酢酸からプロトン（水素イオン）を引抜くと同時に，次の還元およびプロトンの引き抜きが繰り返され，安定な 6 員環 $S_3N_3{}^-$ に移行していくことなく，8 員環が保持された $S_4(NH)_4$ になるのです [6]。

このとき，プロトン供給源である酢酸はプロトンを失い，酢酸イオンに変わるはずですから，生成した酢酸イオン濃度をポーラログラフ法（ボルタンメトリー）によって分析しました。定量された酢酸イオン量は，1 分子の S_4N_4 に対し確実に 4 当量でした。しかしながら，その酢酸イオンが示す電位は，標準

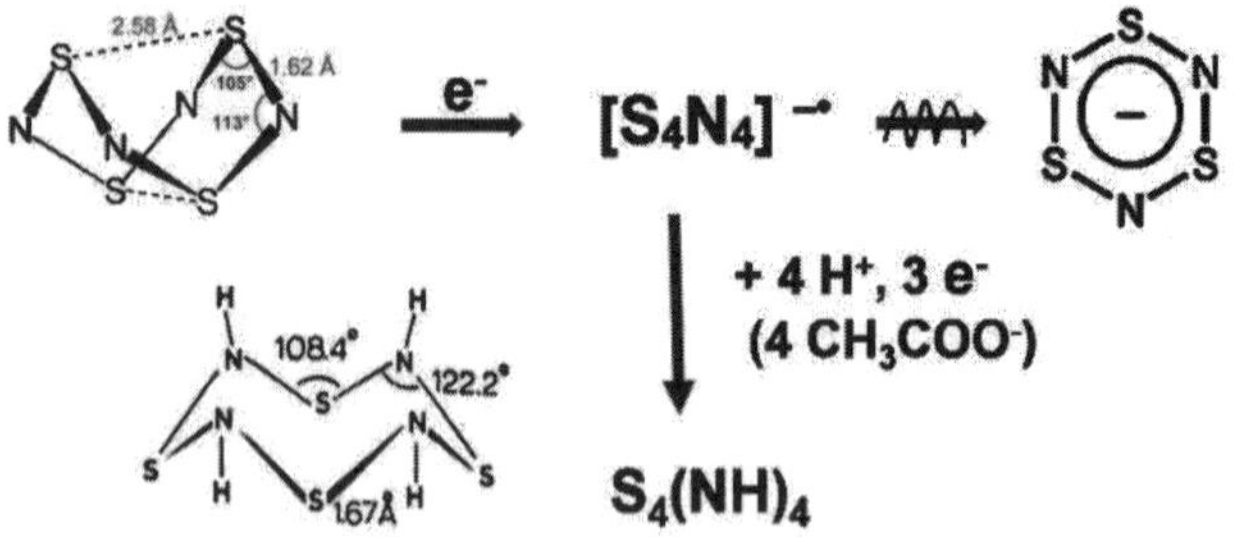

図 Tu-2
四窒化四硫黄 (S_4N_4) の電気化学的還元と酸添加による $S_4(NH)_4$ の生成機構

物質として用いた酢酸リチウムのシグナル電位とは，幾分異なっていたのは問題点として残りました。

本来，同一物質であればシグナル電位は，一致しなければなりません。測定されているのは酢酸イオンのはずであり，標準物質はもちろん酢酸イオンですが，その供給物質としてリチウム塩を用いたのでした。この電位の違い，生成物と標準物質間の電位の違いは，一体何に由来するのか，いろいろと考察してみましたが，その時には全く見当がつきませんでした。シグナル電位が異なることは，最悪の場合には，被測定物質が酢酸イオンでない可能性さえ出てくることになります。

酢酸リチウムは水には易溶ですが，アセトニトリルには難溶です。それ故，実験の都合上，あらかじめ水に溶解させた酢酸リチウムをアセトニトリルに溶解させたので，この非水溶媒に加わった水の影響でシグナル電位が異なったのだろうとかと思案したままになっておりました。問題点は残ったものの，この

四窒化四硫黄（S_4N_4）など硫黄化合物の電気化学的還元に関する研究は，思わぬ高い評価を得ることができ，数年後にはカナダ・カルガリー大学で博士研究員として 1 年半に渡り研究する機会に恵まれました。

このような大学院時代の研究を経て，私は何とか大学に助手として職に就き，独自に研究を始めるようになりました。新天地での研究テーマとして，とりあえず，二塩化二硫黄（S_2Cl_2）によく似た二塩化二セレン（Se_2Cl_2）を取り上げることにしました。硫黄とセレンは周期表の中で同じ 16 族で，周期が第 3 周期か第 4 周期かの違いがあるだけであり，化学的性質が類似しており，簡単に予想通りの結果が得られそうだという安易な発想からでした。この二塩化二セレン（Se_2Cl_2）はアセトニトリルへの溶解度が十分でないので，溶解性を有する無水酢酸を溶媒として選びました。電気化学的還元により，結局，二塩化二硫黄（S_2Cl_2）と同様に，Se-Cl 結合が切断され，Se_2 と 2 当量の Cl- ができますが，その後 Se_2 は重合して重合体 Se_x に変わることが分かりました。

しかし，この実験遂行に際し，一生のうちでも滅多に起こらないような不運な事態に遭遇したのです。電気化学的計測器の分野では定評のあるメーカーに，測定装置ポテンシオスタットの製作を依頼しました。この装置をポーラログラフィー（ボルタンメトリー）として使用した時には何ら問題はありませんでした。ところが，大きな表面積の電極を用い，定電位電解（クーロメトリー）を行うと，大きな問題が生じたのです。

正常なポテンシオスタットであっても出力の低い装置であれ

ば，電位を設定電位に保つことができず，電流は予想よりわずかしか流れないことは十分にありえることです。しかし，この装置で電気分解を行うと，二塩化二セレン（Se_2Cl_2）だけが還元される電位に設定しているにも拘わらず，何と予想をはるかに上回る多量の電流が流れ続けたのです。このとき溶媒の無水酢酸までもが電気分解を受け，酢酸イオンが大量に生成され続けたのでした。

（オーソレミタ教授） 大学の助手時代の最初期に，バカンティ教授が不運に見舞われたことは承知した。

（バカンティ教授） この欠陥装置は，根本的に改造され，正常に稼働するようになりました。冒頭で述べた実験結果は，装置が正常化した後に得られたものです。大学の教員としての研究の最初期に，私はこのように予期しない障害で大きくツマヅキました。その余波は，その後の個人評価にも影響を及ぼしたかもしれません。

それはともかくとして，正常な装置を用いて，無水酢酸中の酢酸イオンの濃度を測定することにしました。このとき，大学院時代に経験していた，酢酸イオンが示す電位の移動について，再び考察することになりました。そしてやっと決着をつけることができました。酢酸イオンの相方（対イオン）である陽イオンの種類によって，酢酸イオンの酸化電位（水銀溶出電位）が異なってくることが分かったのです。

非水溶媒中では，酢酸イオンに対して，リチウムなどの金属

イオンが非金属イオンとは明らかに異なる相互作用をすることに気が付いた瞬間を，今でも鮮明に思い出すことができます。どうしても，これまでの実験結果を合理的に説明することができず，諦めて，大学の研究室からアパートに帰るために車に乗った直後のことでした。すでに車のエンジンを噴かせていたかも知れません。しかし，すぐさま研究室に戻ると，まだ二，三人の学生たちが，各自の卒論実験をしておりました。金属および非金属塩を幾つかの濃度比で混合し，測定すると，予想通り，金属イオンの濃度の上昇と共に，シグナル電位が変化したのでした。

当初は，溶媒として誘電率が 20.7 の無水酢酸を用いていましたが，誘電率がより高いアセトニトリル（ε_r = 約 36）を用いても，陽イオンによる影響が明確に現れることが分かりました。アルカリ金属イオン（M^+）と酢酸イオン間の化学的相互作用は，（水溶液中よりも）格段に強いものでした。この研究を進めることにより結果として，リチウムまたはナトリウムイオン 1 個に対して，複数のカルボン酸イオン（酢酸イオンなど A^-）が結合（配位）した化学種 MA_2^- が生成したり，逆に，1 個の A^- に複数の

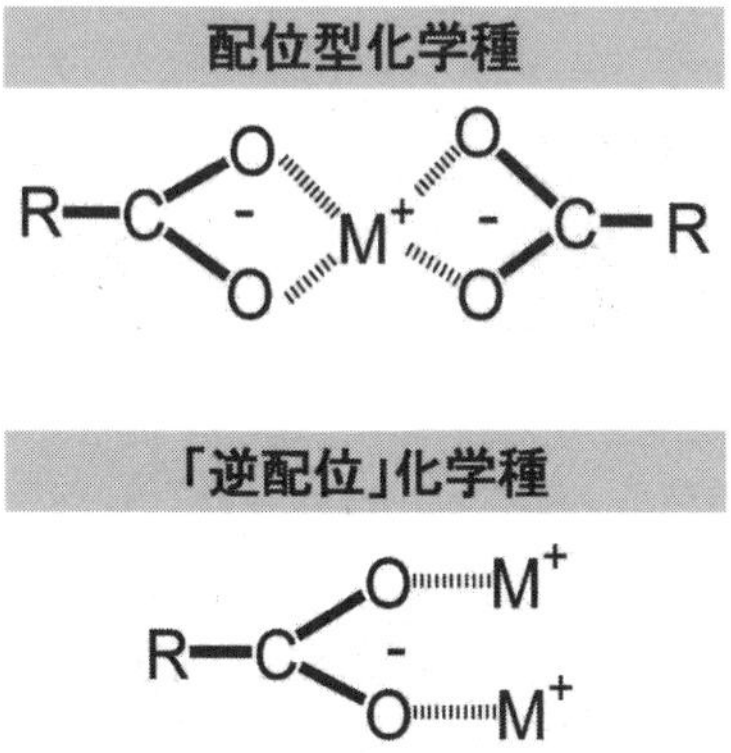

カルボン酸イオンとアルカリ金属イオン間の
配位および「逆配位」化学種

金属イオンが結合したりする（M_2A^+）ことを明らかにしました。

前者の結合様式は通常の配位結合と同様ですが，後者の結合様式に対して，私共は「逆配位」という新しい化学用語を提案しました。これらの配位型化学種 MA_2^-および「逆配位」化学種 M_2A^+の両者は，よくよく考えるまでもなく，先の三重イオン ([⊖⊕⊖] および [⊕⊖⊕]) と電荷的には同型になっています。しかし，従来の三重イオンと異なるところは，（1）低誘電率媒体だけなく，比較的高い誘電率媒体中においても観測されること，（2）イオン間の相互作用は静電気力ではなく，主に配位結合等に依存していることです。

(オーソレミタ教授) 一つの中心金属に対し，複数の配位子（または配位原子）が結合する結合様式は常識的である。しかるに「逆配位」と称するところの，一つの陰イオンに対して，複数の金属イオンが結合すような結合様式は，これまで聞いた試しが無い。塩濃度の変化によるイオン活量係数の変化などによって，または，有機溶媒中に少量混入する水の影響によって簡単に説明できる現象を，「逆配位」などと見誤っているだけではないのか。

(バカンティ教授) 私共の提唱した「逆配位」現象は，決して勘違いや幻想によるものではありません。一つの配位子に対して複数の金属イオンが結合する「逆配位」現象は，私共が報

告致した時には，すでに少なくても２件の報告例がありました。一例について述べますと，アセトニトリル溶媒中で，三価の鉄錯体（[Fe(acac)$_3$]， acac = アセチルアセトネート）を電気化学的に還元したとき，支持電解質として用いた過塩素酸リチウム（$LiClO_4$）濃度を増加させることにより，その還元電位は正側に移行（還元が容易になる）します。この現象を解析したMurray ら [7] は，三価の鉄が電解還元により二価となり，同時に遊離したアセチルアセトネートイオン（L^-）に支持電解質のリチウムイオンが２個結合すると推論したのです。

溶液中で塩濃度が高くなれば，イオンの活量係数は変化しますが，私共の研究においては，溶液中で化学反応性のないテトラエチルアンモニウム過塩素酸塩（Et_4NClO_4）を添加して，イオン強度を一定に保つなどの十分な配慮をしておりますので，塩濃度の変化に基づくイオン活量係数の変化を根拠にして，説明できる訳ではありません。

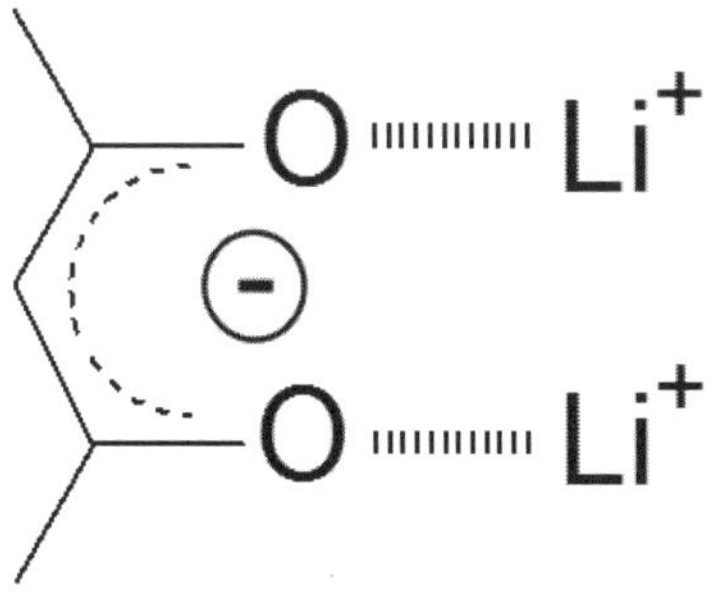

遊離したアセチルアセトネート陰イオンに対して
２個のリチウム陽イオンが結合した化学種

また非水溶媒中に混入する少量の水が，特異な現象の原因であるとすることに関しましては，前回ご説明いたしましたように，ごく少量の水の化学反応性は

小さい（「二水素エーテル」として作用する）ことが証明されましたので，決して有効な反論とは思えません。

（オーソレミタ教授） 率直に述べると，バカンティ教授の説明は極めて定性的であり，根拠となる実験手法も電気化学的手法等に限られたものでしかないのに，解釈が独善的としか言いようがない。

（バカンティ教授） 口頭での説明ゆえ，説明が定性的になりがちであることに関しましては，お詫び申し上げます。しかし，ここまでに陳述致したことは，十分な実験データを綿密に解析した後に得られた明確な結論ですので，あえて数値などを列挙しなくても，お分かりいただけるかと存じます。

私共は，実験法としてポーラログラフ法や電気伝導度法などの電気化学的手法を始めとして，紫外可視スペクトル法，^{1}H および ^{13}C NMR 法，ラマン分光法を用いて研究して参りました。また反応速度実験やコンピューターによる理論計算を援用して，仮説を証明することにも努めて参りました。

（オーソレミタ教授） 化学研究としては，ありきたりの実験手法ばかりが目立つようであるが，バカンティ教授には，何か新しい手法を独自に開発したといえるようなものはあるのか。

（バカンティ教授） なるほど，化学や物理学の実験科学の分野においては，新しい実験装置や手法の開発によって，新しい現

象が見出されることは多くの事例が示しております。その観点からすると私共は，従来の基本的な実験装置，手法を墨守して，研究を進めて参りましたので，新規な発見などはあり得ないと頭から決めつけられる危険性があります。しかし，ごくありふれた手法を用いながらも，特異な化学現象を発見し，それを直ちに異常現象として棄却することなく，独自の理論を構築しながら考察を深め，実証していくこともまた，実験科学者の醍醐味と存じます。私共はこのような路線を目指し，実践して参りました。「凡庸な業を非凡に為せ」は私の銘の一つです。

（オーソレミタ教授） 独自の理論とやらが，一般にも受け入れられるのであれば，バカンティ教授の主張する醍醐味も味わえよう。しかし，目下のところバカンティ教授の理論の構築は不十分極まりないとしか判断できない。ともかく，何か新しい手法の開発について述べてみよ。

（バカンティ教授） 先ほどから申し上げています通り，新しい実験装置や手法の開発については，私共の研究活動はお粗末としか言いようがないのかも知れません。そのような開発能力・技能に恵まれた研究者を羨望致すところです。強いて，私共の新しい手法と言えるものを上げるとしたら，電気伝導度法における新規解析法の開発がそれに相当するでしょうか。以下にご説明致します。

電気伝導度法は，電解質溶液中のイオンの輸送現象に基づき，溶存化学種の濃度および存在状態を知る方法です。溶液の抵抗

値はLCRメータを用いて，非常に高い精度で測定することができますので，解析法が正しい限りにおいて，電気伝導度法は，あらゆる化学測定法の中でも，最も精度の高い測定法の一つです。

電解質濃度cの平方根（$\sqrt{c}$）に対して，モル導電率（Λ）をプロットすると，強電解質（KCl等）であれば，わずかに下方に向かう直線となりますが，酢酸などの弱電解質については濃度の増加と共に，モル導電率は急激に減少します。弱電解質のある濃度におけるモル導電率（Λ）と無限希釈度におけるモル導電率（Λ_0）の比から，解離度（α）を計算し，解離定数を概算することができます。強電解質のΛ 対 $\sqrt{c}$の直線関係は，温度（T），誘電率（ε_r）および粘度（η）を考慮したOnsager式によって再現することができます。Onsager式の精密化により，強電解質に対す理論式および1：1のイオン対生成を想定した理論式は高度に発達してきました。

前述したように，FuossとKrausはΛ 値に極小が生じることを見出し，静電的相互作用に基づく三重イオンの概念を打ち立てました。そして同時に，イオン対と三重イオンが生成する系に対する解析法を提案しました。一方，Katchalsky[8]は，イオン対と四重極子（イオン対の2量体）が生成する系に対する解析法を提示しました。このように，1：1のイオン対は別にして，三重イオン生成あるいは四重極子生成のいずれかが特異的に起こる系が存在するのは確かなようです。

しかし，私共の経験からすると，三重イオンが非常に生成し易い系においては，同時に四重極子も生成することのほうが多

いようです。このように，イオン対に加えて，三重イオンおよび四重極子が両方とも生成する系，すなわちこれら三者の平衡定数を同時に解析する方法は，これまで提案されてはおりませんでした。

私共は，これら三者の平衡定数を同時に解析する方法を何とか開発し，改良を重ねました。そして様々な溶媒系における多数の電解質の電気伝導度データに対して，イオン対，三重イオンおよび四重極子生成の平衡定数を求めて参りました。実験データを解析するに当たり，私共が特別に留意したのは，次の点です。（1）リチウムイオン等のアルカリ金属イオンは，潜在的には錯形成力を持ち（$Li^+ > Na^+ >> K^+$），単純な陰イオン（ClO_4^-等の対称的なイオンを除く）との間でイオン対を超える高次イオン会合体を生成する可能性があること。（2）一方，非金属イオンの第四級アンモニウムイオン（R_4N^+）は，金属イオンとは異なり，錯形成能力がないので，どの陰イオンとの間にも静電的相互作用しか働かないことです。従って，過塩素酸リチウム（$LiClO_4$）のイオン間には，静電的相互作用のみを考慮すればよいことになります。塩化テトラエチルアンモニウム（Et_4NCl）も同様ですが，塩化リチウム（LiCl）間には，静電的相互作用を超える化学的相互作用（配位結合力）が働くことになります。

（オーソレミタ教授）アルカリ金属イオンの錯形成力という表現があったが，アルカリ金属イオンは錯形成能を持たないはずではないのか。

（バカンティ教授） 遷移金属類とは異なり，典型元素であるアルカリ金属イオンやアルカリ土類金属イオンには，錯形成力がないと見做されるのは確かです。遷移金属イオンは，基本的にdまたはf軌道中に空軌道を有し，配位子からの電子対を受け入れることにより，強力な配位結合を形成することができますが，典型元素にはそのような空軌道がないので，簡単には，錯形成力がないとされます。しかしながら，典型元素でありながらもベリリウムイオン（Be^{2+}）やアルミニウムイオン（Al^{3+}）などの錯形成力は，古くから認められてきております。またマグネシウムイオン（Mg^{2+}）やカルシウムイオン（Ca^{2+}）には錯形成力がないとされながらも，EDTA等の強力な錯化剤との間には，安定な錯体が生成することが広く認められています。このように典型元素の金属イオンでも，好都合な条件下では，陰イオンとの間に錯形成することが，次第に認められるようになってきております。

アルカリ金属イオンに関する顕在化しにくい錯形成力を確認することが本研究の主目的ですから，慎重な環境設定が必要です。まずイオン間に働く静電相互作用を低く抑えておく必要があります。それゆえ誘電率が比較的高い（$20 < \varepsilon_r < 65$）溶媒を用いました。ここで，アセトンの誘電率は約20，プロピレンカーボネート（PC）のそれは約65となっております。このようにして誘電率の問題は回避されましたが，まだ溶媒和力の問題が残っています。私供は，溶媒和力の乏しい溶媒を選びました。溶媒和力の大きな溶媒中では，金属イオンおよび陰イオン

が共に溶媒和（配位結合または水素結合等による溶媒和）を受け，イオン本来の化学的結合力が隠蔽されてしまいます。このように誘電率が高く，かつ，溶媒和力の低い溶媒中において，アルカリ金属イオン等の（微弱な）化学反応性を観測したのです。

先の Barthel 教授 [3] は溶媒プロピレンカーボネート（PC）の誘電率の高さに気を取られて，その溶媒和力の乏しさに注意を払わなかったように思われます。PC 溶媒のドナー数およびアクセプター数はいずれも小さく，即ち，溶媒和力が極めて低いので，溶存する金属塩（ペルフルオロ酢酸リチウム等）は，化学的相互作用により，イオン対を超える高次イオン会合を起こしてしまうのが現実の世界です。Barthel 教授は，誘電率の高い PC 中で，イオン対が出来ることにさえ大きな疑問を抱いていたようです。

（オーソレミタ教授） 電気伝導度において新規に開発した解析法とやらについては承知したが，世の中にはバカンティ教授の報告した電気伝導度データの解析の基本手法に不満を抱いている者も多い。例えば，イスラエルの Y. Marcus 教授 [9] は，バカンティ教授の解析ベースが古典的な Onsager 式であり，これでは十分とは言えない。もっと高度な電導度理論を解析ベースにすべきであるとしている。

（バカンティ教授） 私共は，高度に発達した解析式を用いてデータを解析してみたことがありますが，特段，異なる結論は得られませんでした。高度に発達した解析式であっても，基本的に，

静電的相互作用に基づくイオン対生成しか考慮されておりませんので，イオン対を超える高次イオン会合体が少しでも生成する系に対しては，無力化することを忘れてはなりません。

（オーソレミタ教授） 電気伝導度の解析法はともかくとして，アルカリ金属イオンの錯形成力を前提にして，無理やり「生成させた」奇妙なる化学種の存在は，絶対に認められない。バカンティ教授が主張する所の，「高誘電率媒体中における三重イオン生成」の観測に成功した者は他にいるのか。

（バカンティ教授） 溶液中のイオン間の静電的相互作用を超える化学的相互作用，例えば，リチウムイオン（Li^{+}）と塩化物イオン（Cl^{-}）間の 1：1 イオン対を超える高次イオン会合の生成を理解するのは，大変困難と存じます。水溶液中の希薄な電解質の挙動を規範としている限り，全く不可能です。

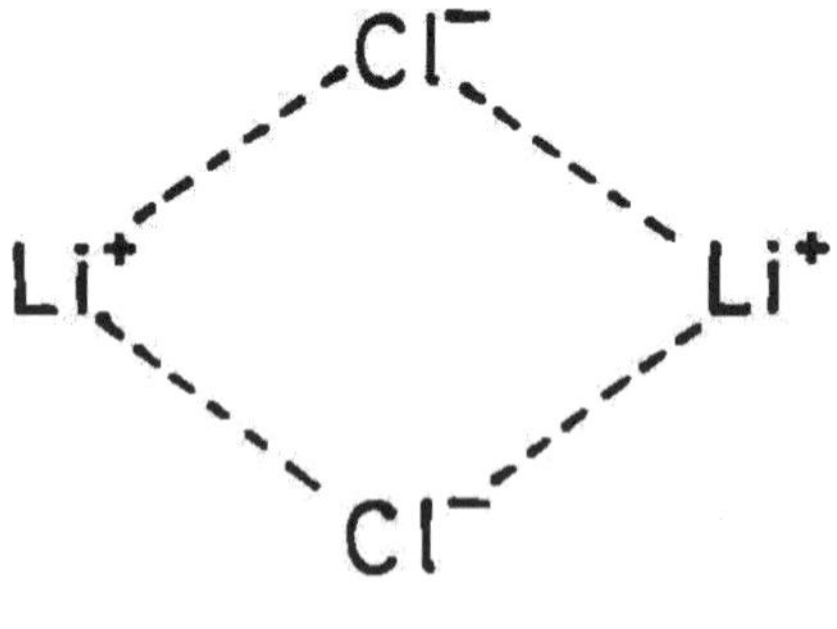

低誘電率媒体中の塩化リチウムから生成する四重極子 [10]

しかし，かなり早い段階から，同じ分野の研究者仲間の中には，アルカリ金属イオンの錯形成の研究が，「デバイーヒュッケル理論によるイオン活量の見積もりの破綻問題を解

決することに繋がる」と見定める人もおられました。しかし，このような卓見は極めて稀であり，この見解が一般に広まることはありませんでした。

X線や中性子線などの分光法により，1：1型の金属塩を含有する水溶液中に存在する化学種を研究しているグループからは，当然のことながら，三重イオン観測の報告はありません。その他には，溶媒和力が弱く，比較的誘電率の高い非水溶媒アセトニトリル中で，直接，三重イオン生成を試みた研究者がいます。しかし，この試みに使用した手法は，水溶液系には活用できますが，純粋な非水溶媒系には向いておらず，結局，実験は失敗に終わったようです。設定した実験系そのものに欠陥があり，それ故に実験が失敗にも係らず，第三者には，「結論として三重イオンの検出は出来なかった」としか喧伝されなかったと存じます。

私共の長い経験からすると，非水溶媒アセトニトリルは，高誘電率媒体中の三重イオン観測に有利な場を提供します。しかし，そのような有利な条件下においてさえ，溶解した1：1型塩から生じる化学種はイオン対(⊕⊖)と単イオン(⊕または⊖)が大部分であり，肝腎の三重イオンや四重極子の生成は，全体の（例えば）1%にも満たないのです。微弱な信号強度しか示さない三重イオンの尻尾をつかむには，「非凡な工夫と非凡な努力」が必要です。

生物分野ですが，ヤマネコやカワウソなどの絶滅（危惧）種の探索調査を，日本列島のある島で行ったとします。あらかじめ設置した監視カメラには，野生化しかけた野良猫や野生のイ

タチ，タヌキ，ハクビシンなどの映像が残っているかも知れません。監視カメラの性能が十分でない場合には，これら在り来たりの動物の痕跡さえ残っていないでしょう。幻とも思われているヤマネコやカワウソの生存を確認し，他人に認めてもらうのは本当に困難なことでしょう。

一方，金属塩類の水溶液から生成する三重イオンなどの化学種を，気相中において，マススペクトル法によって検出することはよく行われております。マススペクトル法は，真空中，即ち，誘電率が最も低い（$\varepsilon_r = 1$）状態で計測を行うため，イオン間に静電的相互作用が強く働き，イオン対を超える高次イオン会合が起こっても良いとされます。

私共は，40年近く前に，まさに偶然ながら，誘電率の高い非水溶媒中において三重イオン生成を発見し，それは，結局，アルカリ金属イオンの錯形成力に起因していることに気付いたのです。私共の研究の原点たる，この「アルカリ金属イオンの錯形成力」の実証研究は，現在に至るまで続いております。近年，溶媒和力の低いアセトニトリル等だけでなく，溶媒和力の大きなアルコール中でも，「特異な」反応が観測されるようになって来ております[11]。

しかし，私共の観測結果またはその解釈が，従来の教科書と矛盾しているとして，強い非難を受けております。

（オーソレミタ教授）強い非難にも関わらず，そのような珍奇な現象を40年間も，飽くこともなく追求し続けていると強調したいようだな，バカンティ教授。被告たるバカンティ教授が

主張する三重イオンが本当に存在するというのであれば，結晶化させて，ピンセットで摘み出して見せよと言いたい。もしそれが出来ないのなら，私はバカンティ教授の主張をそのまま信じる訳にはいかない。

溶液論や平衡論に関する議論はこの辺りで打ち切りとする。さて，次は反応速度論に関したものである。バカンティ教授は，専門外ともいえる有機物理化学の分野にまで首を突っ込んで，これまでに世界中で，とりわけ米国において確立されたと認められてきた学説に異を唱えているようである。この問題は，明日，水曜日に審問することに致そう。

注釈（火曜日）

[1] C. A. Kraus , R. M. Fuoss: *J. Am. Chem. Soc*., **55**, 21 (1933).

[2] Y. Miyauchi, **M. Hojo**, H. Moriyama, Y. Imai: *J. Chem. Soc., Faraday Trans*., **88**, 3175 (1992).

[3] J. Barthel, et al.: *J. Phys. Chem*., **100**, 3671 (1996).

[4] **M. Hojo,** et al.: *J. Mol. Liquids*, **145,** 24 (2009).

[5] 伊豆津公佑：非水溶液の電気化学，倍風館（1995）.

[6] **M. Hojo**, *Bull. Chem. Soc. Jpn*., **53**, 2856-2860 (1980).

[7] R. W. Murray, L. K. Hiller, Jr.: *Anal. Chem*., **39**, 1221 (1967).

[8] A. Katchalsky, et al.: *J. Am. Chem. Soc*., **73**, 5889 (1951).

[9] Y. Marcus, G. Hefter: *Chem. Rev*., **106**, 4585 (2006).

[10] Z. Chen, **M. Hojo**, *J. Phys. Chem. B*, **101**, 10896 (1997).

[11] X. Chen, **M. Hojo**, Z. Chen, M. Kobayashi, *J. Mol. Liquids*, **214**, 369 (2016).

水曜日

反応速度に影響を及ぼす金属イオン

（オーソレミタ教授） 本日は，平衡論ではなく，反応速度論に関するバカンティ教授の主張を聞くとしよう。

（バカンティ教授） 昨日は，アルカリ金属イオンと単純な陰イオン間の特異な結合力が，三重イオンなど高次イオン会合体生成として観測されたことを説明致しました。本日は，そのような金属イオンの結合力を平衡論ではなく，反応速度論によって間接的に明示致したく存じます。

（オーソレミタ教授） まず，バカンティ教授が平衡論ではなく，反応速度論に向かった理由を簡潔に述べよ。

（バカンティ教授） 化学平衡によって，生成した化学種を直接観測することができれば，これは明白な反応進行の証拠となります。例えば，アセトニトリル中において塩化トリチル（塩化トリフェニルメチル，Ph_3CCl）はイオン解離することなく分子のままで存在しますが，過塩素酸ナトリウム（$NaClO_4$）を添加すると無色の溶液は黄色に変化します。この変色によりトリチルイオン（Ph_3C^+）の生成を確認することができ，溶液中の基質（反応物）

薄紙でも蓄積すれば厚さ（存在）を認識できるようになる。

から脱離する塩化物イオン（Cl^-）とNa^+間の化学的相互作用を証明することができます[1]。$NaClO_4$の代わりに，錯形成力のない非金属塩Et_4NClO_4を添加してもトリチルイオン（Ph_3C^+）が生成しないことは申し上げるまでもありません。

しかし，生成したトリチルイオン（Ph_3C^+）の量または濃度が低すぎる場合，または，生成しても直ちに他の化学種に変化してしまう場合には，直接的に観測することは不可能です。このような場合に，反応は全く起こらないと言い切ることができるでしょうか。直接的には観測できない反応については，反応速度を手がかりにして，間接的に反応進行を証明することができるはずです。反応速度を測定すること，これは取りも直さず，平衡論的には観測できなかった反応進行を，時間をかけて蓄積または積分することにより観測可能にすることです。

反応速度を利用すると，ごく微弱な化学的相互作用を，可視化することができるため，私共は反応速度を利用したのです。例えてみれば，机の上に薄紙を一枚おいても，机表面の高さの変化はほとんど認識されませんが，薄紙を10枚，100枚と積み重ねると，高さの変化が明確に認識されるようになるのと同様です。

（オーソレミタ教授）そういう議論を「机上の空論」というのではなかったかな。いや，これは失言であった。バカンティ教授が，速度論に向かった理由はよく承知した。それで結局，何を知ろうとしたのか。

（バカンティ教授）理由は至極簡単です。昨日陳述致しましたように，私共はアルカリ金属やアルカリ土類金属イオンには，単なる静電相互作用を超えて化学的相互作用をする潜在能力が備わっており，各種の陰イオンとの間に「配位」および「逆配位」化合物を作り出すことを見出しました。そのことは，高誘電率の媒体中における三重イオンや高次イオン会合としても観測されることを報告しました。

　しかし研究者の多くは，典型元素であるアルカリ金属やアルカリ土類金属イオンの錯形成，特に，溶液中での反応を認めることを拒み続けております。そこで彼らはまず，私共の主張する「逆配位」結合の不自然さを攻撃し，それから，これらの金属イオンが関与する錯形成をやんわりと非難しようとしました。私共が研究を続け，いくら新データを積み重ねても，状況は好転するどころか，ますます非難が強まるか，逆に全く無視されるかのどちらかでした。ある学会のシンポジウムにおいては，高誘電率媒体中における三重イオン生成説を撤回するよう，非公式ながらも強く求められたことがありました。

（オーソレミタ教授）バカンティ教授の言葉の端々からは，ま

るで私オーソレミタ教授の差し金でもあったかのように聞こえるが。

(バカンティ教授) そのことに関しては，コメントを控えます。このままでは駄目だ,研究の軸足を置く溶液化学分野ではなく，他の分野で活路を見出すことはできないものかと思案致しました。そのようなとき，有機反応化学または物理有機化学と呼ばれる研究分野の論文を探り当てました。その論文中には，メタノール中における，有機ハロゲン化物のソルボリシス（加溶媒分解反応）が，各種アルカリ金属塩等の添加により促進されるとありました（図 W-1 参照)。

この論文の原著者ら [2] の考察では，反応速度の増大の原因は，陽イオンにあるのではなく，陰イオン，特に過塩素酸イオン（ClO_4^-）による影響が大きいとありましたが，私共は，全く逆に，直接的な原因は陰イオンではなく金属イオンそのものによるものだと，直感的に感じました。

基質である有機ハロゲン化物（RX）から脱離するハロゲン化物イオン（X^-）と金属イオン間（Li^+等）の化学的相互作用（即ち，金属イオンによるX^-の引き抜き）により，カルボカチオン（R^+）の生成が有利に起こるようになり，反応速度が促進されるだろうとの仮説が出来上がりました。

図 W-1 において，「過塩素酸イオン（ClO_4^-）による影響が大きい」のはなぜか。それは，過塩素酸イオンは錯形成力を持ちませんが，それ以外の陰イオンは，アルカリ金属イオンとの間に，静電的相互作用を超える化学的相互作用（配位力 M-X）

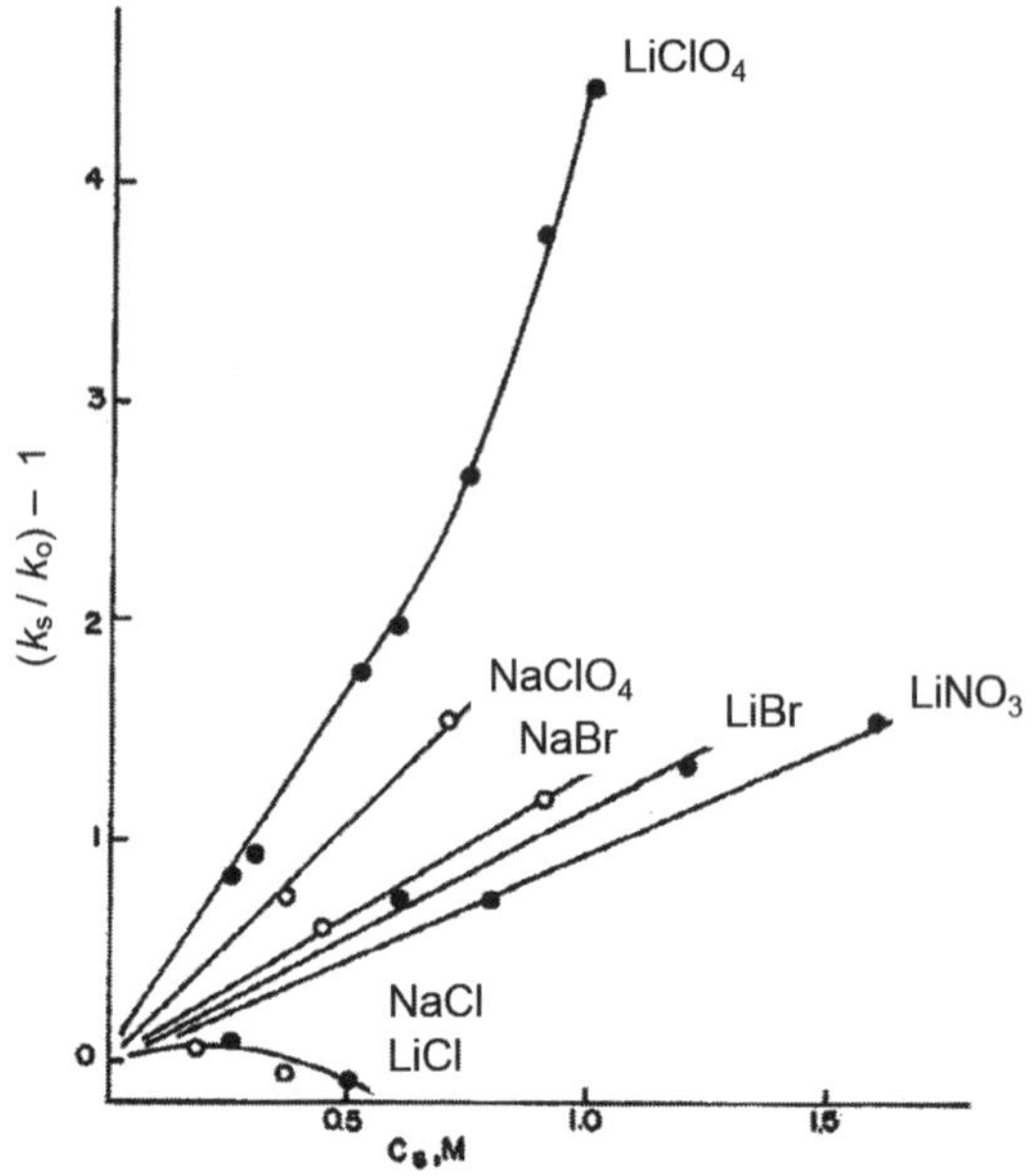

—Salt effects upon the methanolysis of *tert*-butyl bromide at 25.0°: ●, lithium salts; ○, sodium salts.

図 W-1
メタノール中の S_N1 型加溶媒分解反応速度に及ぼすリチウム
およびナトリウム塩類の影響

が働くので，せっかくの金属イオンの化学的相互作用が低減してしまうためであると考えました。換言すると，過塩素酸イオン以外の陰イオンは，金属イオンの効果を台無しにしていることになります。

これで事態の打開が見込めるかもしれないと意気込み，この

分野に参入することにしました。そして，そのころアフリカ・タンザニアから来日してきた大使館推薦の国費留学生にこの方面の実験を任せ，代表的な系について結果をまとめました。しかし，事態の打開どころか，ますます事態は混迷したのでした。と言うのは，水を添加していない非水溶媒中におけるアルカリ金属イオン等の錯形成が，十分に認知されていないような状況では，「水が混合した有機溶媒中において，アルカリ金属イオン等の錯形成力によりソルボリシス反応進行が直接影響を受ける」との考えは，全く笑止千万であると受け止められたようです。

しかし，この研究で，手応えを感じていた私共は，異分野でありながらも有機物理化学の国際会議などにも積極的に参加し，研究発表を続けました。すると，この分野の大家のMO教授から，「もし，このようなことが一般的に起こるとすれば，これまでの考えを変えなければならないことになる」との発言を受けました。この発言の真意は別にして，私共は密かに自信を深めました。またTO教授からは，次のように言われました。「確かにあなたの研究は大変面白い。しかし，あなたの説を受け入れたら，これまで私が信じていたものが，ガタガタに崩れてしまう。それゆえ，私はあなたの研究を受け入れられない」。また別の大家のT先生は，「この分野の研究は，泥沼のようになっており，にっちもさっちも行かなくなっている」と言われました。この最後の発言により，この研究分野は何らかの「救世主」を求めているに違いないなどと勝手な想像を巡らせたり致しました。

（オーソレミタ教授） まず原点に立ち返ると，溶液中の化学反

応速度は塩濃度またはイオン強度と密接に関連付けられているはずである。

（バカンティ教授）もちろん，その通りです。「反応速度と機構」[3]などの代表的な化学反応の教科書によることもなく，均一系における化学反応速度は溶液中の塩濃度（イオン強度）と直接数式で結び付けられておりますが，その式が有効なのは，塩濃度が低い場合に限られます。

（オーソレミタ教授）この分野では有名な定説があり，私はそれについてよく存じてはいるが，改めて説明を求める。

（バカンティ教授）1960年頃，米国のWinsteinらが提唱した「特殊塩効果」に対する解釈があります。その考え方が周辺の塩効果の説明にも拡大していき，定説として確立したと考えられていたものです。しかし，その解釈または機構には，すでに疑問が投げかけられておりました。それはともかく非常に汎用性があり，他に妥当な説が出現することもなかったので，その分野においてはほとんどの研究者が信じ切っていたように思われます。

まず発端として，酢酸中におけるベンジルトシレート（$PhCH_2OTs$）類のソルボリシス反応速度が過塩素酸リチウムの添加によって加速されることが分かりました。その加速形態の一部分が，「特殊塩効果」とされたのです。Winsteinの解釈は次の通りです。まず基質RXおよび$LiClO_4$のイオン解離とイオン対生成を考えます。ここでイオン対は２種類に分類され，

接触イオン対および溶媒介在イオン対とされました。このうち溶媒介在イオン対である（$R^+ \| X^-$）と（$Li^+ \| ClO_4{}^-$）がイオン対交換反応によって式（1）のように（$R^+ \| ClO_4{}^-$）と（$Li^+ \| X^-$）に転換するという考え方です。この機構によって，反応進行の基となるカルボカチオン（$R^+ \| ClO_4{}^-$）を巧みに生成させることができます。

$$(R^+ \| X^-) + (Li^+ \| ClO_4{}^-) \leftrightarrows (R^+ \| ClO_4{}^-) + (Li^+ \| X^-) \quad (1)$$

しかし，このWinstein機構では，イオン対交換反応を引き起こす駆動力についての説明は一切されていないように思われました。このWinstein説に対して私共は，カルボカチオンR^+が生成するには，X^-と添加されたLi^+間の化学的相互作用（配位結合）が必須であり，単なるイオン対交換によるものではないと提唱したのです。これまでは溶液中において単イオンX^-とアルカリ金属イオンLi^+間には，静電的相互作用以外の結合力を想定することは誰にも出来なかったので，Winstein説はやむを得ない説であったのだろうと思量致します。

一方では，このイオン対交換反応を強固な証拠とするために，イオン対の生成過程を非常に短い時間単位で追跡する研究が展開されました。しかし，この分野の代表者の一人であるBockmanとKochi [4] は，「残念ながら，分光学的に異なるイオン対の存在を見出すとの当初の目的は達成されていない」と述べ，さらなる研究が必要との認識を示しました。

（オーソレミタ教授） せっかくのバカンティ教授独特の説明であったが，遺憾ながら，Winstein 説は定説として確立している。

（バカンティ教授） 最も重要な要素を棚上げにして議論を展開することは，古今東西，よく行われてきたことです。ギリシャの有名なパラドックスには，「先んじてスタートした俊足の走者アキレスは，後方から放たれた矢に，追いつかれそうになっても，決して先を越されることはない」との趣旨の説話があります。俊足アキレスが誰よりも速く走ることができる故，このような現象が起こるのでしょうか。あるいは，弓矢の届かないほど遥か遠くまでアキレスが素早く逃げたためでしょうか。もちろん，これらの解答は遊び心に富み，単に興味深いと言えるものでしかありません。

　このパラドックスでは，アキレスの背後から放たれた矢がアキレスに近づく間には，アキレスも必ず前進するはずです。矢が進むのと同時間内に，必ずアキレスは前進する，このような設定を何回も繰り返しますと，矢はアキレスに限りなく漸近してはいきますが，決して追いつくことはないので，無論，追い越されることはないとなります。私たちは，いつの間にか，時刻の概念または時間の等時的進行を考慮しない「檻」の中に閉

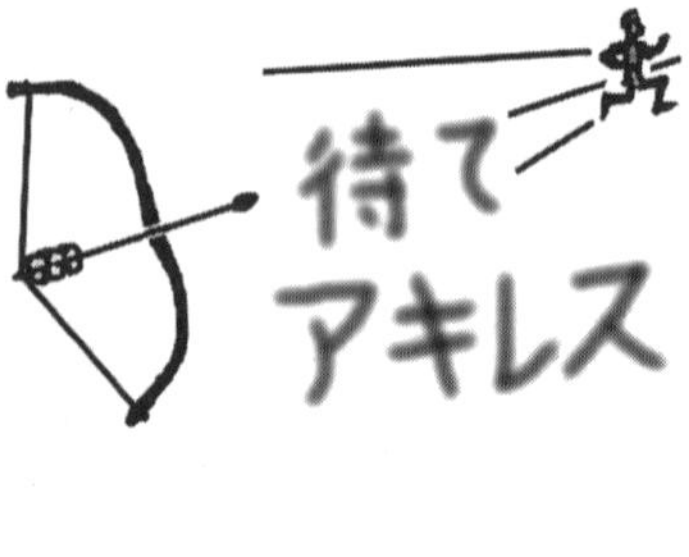

じ込められてしまったようです。

上述のようなパラドックスは，肝腎な局面において核心的な「概念」を上手く棚上げにして議論を進め，幾多の善人を惑わし続けてきました。私，バカンティ教授の観点からしますと，Winstein 説は，金属イオンたる Li^+ と陰イオン間の化学的結合力を棚上げにして，議論を進めているに過ぎないと思われます。

推理小説に例えてみれば，真犯人が隠蔽された状態，または，真っ先に真犯人が容疑者候補から外されてしまいますと，その他の関係者の誰もが犯人に仕立て上げられかねません。その昔，ある推理小説を読んだことが思い出されます。その小説は設定が巧妙で，いずれの登場人物にも怪しい点があるのですが，決して真犯人ではないと思わされました。しかし最後になって，真犯人は，実はその物語の「語り手」であったと明かされたときは，その小説に対し，更にはその作者に対してさえ，大きな不審感を抱きました。

いったん，不完全な，あるいは誤った学説が世に広まってしまうと，関連する諸分野の研究の真の発展が阻害されます。その学説に永くしがみつき過ぎますと，その分野の研究は滞ってしまい，結局は，その分野の衰退，消滅に繋りかねません。このような事態は，あらゆる学問分野で起こりうることと存じます。

（オーソレミタ教授） 適宜な喩え話は良いとしても，主題からはあまり逸脱しないように忠告しておく。

（バカンティ教授） 私共は，水－有機溶媒混合物中において，

ハロゲン化有機化合物などの加水分解反応に及ぼす濃厚塩効果を研究して，アルカリ金属やアルカリ土類金属塩（過塩素酸塩）の添加により，S_N1 型基質の反応速度が指数関数的に増加する現象に遭遇しました。この現象を説明するために，二つの仮説を立てたのでした。（１）水－有機溶媒混合物に高濃度の塩を添加すると，水の水素結合構造性の破壊が進み，バルク水としての水の特性が失われ，溶媒和（水和）力が大幅に低下する。（２）一般的には，アルカリ金属やアルカリ土類金属イオンは遷移金属類とは異なり，単純な陰イオンとの間には錯形成をしないとされるが，潜在的には錯形成力など，静電相互作用を超える化学的相互作用が働き得る。

（１）および（２）の仮説を組み合わせることにより，加水分解反応速度の上昇は，添加金属塩の陽イオンと（基質からの）脱離陰イオン間の化学的相互作用（引き抜き）に基づくものであることを間接的に証明することに成功したのです。申し上げるまでもなく，錯形成力を有することのない非金属塩は，S_N1 反応を多少とも抑制することはあっても，反応を速めることは決してありません。

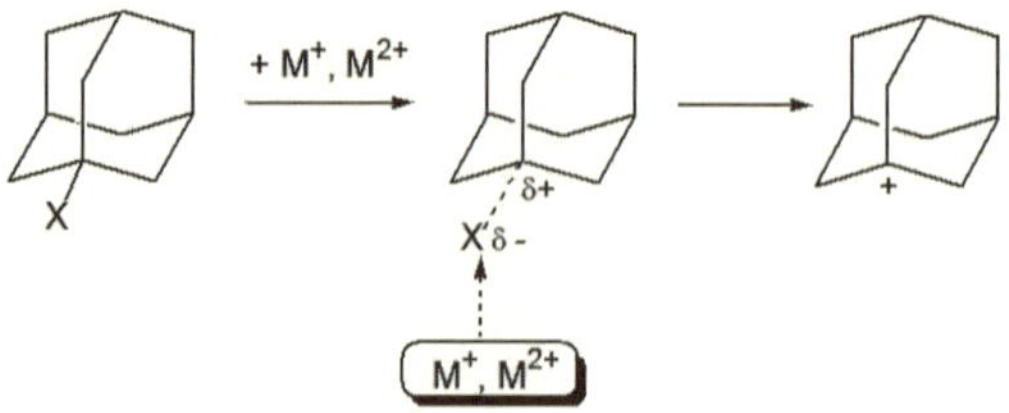

図 W-2
典型的な S_N1 型基質の加水分解速度を促進する金属陽イオンの作用 [5]

大宇宙の神が制御されている自然の理は，神秘のベールに覆い隠されています。私共，自然科学の徒は，神秘のベールからわずかに透過して見える諸現象を手がかりにして，少しずつ自然の道理を明らかにして参ります。今になって思えば，本研究，「S_N1 型ソルボリシス反応に及ぼす塩効果」の奥義（反応機構）は，二枚のベールに覆われていたのだと考えることが出来ます。(１)「バルク水の構造変化に伴う水特性の変化または喪失」(２)「アルカリ金属およびアルカリ土類金属イオンの潜在的錯形成力の顕在化」の二枚です。このような二枚のベールを同時に取り払うことには大きな困難が伴いました。

（オーソレミタ教授） 在りもしない空想的な結合力に，活路を見出すとは，何と恐れ入ったことであるか。バカンティ教授は，陽イオンのうちで金属イオンを特別扱いし，非金属イオンと区別して考えているようだが，効果の違いは単にイオン半径の違いによるものではないのか。

（バカンティ教授） 確かに金属陽イオンに比べ，非金属陽イオンのサイズは大きいことが多く，イオン半径の小さい金属陽イオンは，非金属陽イオンよりも強いクーロン力を及ぼすことは確かです。私共はクーロン相互作用が顕著な低誘電率溶媒を避け，高い誘電率溶媒を用いることにより，極力，クーロン相互作用の寄与を少なくして研究を進めました。そうして何とか，アルカリ金属およびアルカリ土類金属イオンの潜在的な錯形成力を顕在化することができたのです。

（オーソレミタ教授） 仮にアルカリ金属陽イオンと非金属陽イオンのサイズが同じであるとすれば，結局のところ，それら二者による効果の違いは，一体何処から生じると言うのかね。

（バカンティ教授） 大変難しい質問です。今のところ，金属イオンは，金属イオンである故に，クーロン力を超える力が働くとしか答えられません。よくよく考えて見れば，固体の金属において，各原子間には金属結合が作用しております。固体金属中で金属結合は何故作用するのかを考察してみますと，金属イオンと非金属イオンとがうまく区別できるのかも知れません。

（オーソレミタ教授） この問題はこれで打ち切りにして，酒の熟成原理とやらに主題を変えることにする。

注釈（水曜日）

[1] **M. Hojo**, T. Ueda, M. Yamasaki: *J. Org. Chem.*, **64**, 4939 (1999).

[2] C. A. Bunton, et al.: *J. Org. Chem.*, **36**, 887 (1971).

[3] A. A. Frost, R. G. Peason: “Kinetics and Mechanism”, 2nd ed., Wiley (1961).

[4] T. M. Bockman, J. K. Kochi: *J. Chem. Soc., Perkin Trans. 2*, 1901 (1994).

[5] **M. Hojo**, S. Aoki: *Bull. Chem. Soc. Jpn.*, **85**, 1023 (2012).

木曜日

酒熟成の統一的原理

（バカンティ教授） 酒の味に限らず，一般的に，飲食物の味は嗜好的なものですから，科学的に研究することは困難であると見なされてきました。「蓼食う虫も好き好き」と諺にも言われ，「人の好み」は説明することができない訳です。しかし，近年，科学的な測定装置を使い，食品の味「おいしさ」を定量化する試みが進んできております。味覚センサーや食感（テクスチャー）の研究が進められ，食品のおいしさを科学的に解き明かすことが，少しずつではありますが，次第にできるようになって来ているのです。

私共の化学的な研究によって，酒の熟成現象の一側面が明らかなったことをお話致したいと存じます。これは，「酒類の熟成現象を全般的に解明した」というようなことを申し上げているのではありません。そのような大それたことではなく，すべての酒類に共通する熟成現象，即ち，水とアルコールの混合，水とアルコール混合物の微視的な（分子レベルの）状態が明らかになったと言うことです。水とアルコールがよく混ざると酒が熟成し，酒がまろやかになる（アルコール刺激が軽減する）と言われたりしますが，よく混合した状態にするにはどうすればよいかを，化学的に明らかにしたのです [1-3]。

（オーソレミタ教授） 酒の熟成機構を学問的に明らかにしたとの主張であるな。

（バカンティ教授） 結論的に申しますと，水とアルコールを微視的に（分子レベルで）よく混合させるには，食酢などの酸やポリフェノール類の共存が不可欠であることが分かりました。酸やポリフェノールが，いわば仲人の役目を果たします。仲人の介在によって，水とアルコールはよく結合し，よく混合するようになるのです。この結合は，化学の言葉では，水素結合と呼ばれる力によるのですが，この水素結合のやり取りは，ごく短い時間, ピコ秒（10^{-12} 秒）程度で起こるとされております。このように極めて短時間で起こる水素結合作用によって，水とアルコールはよく混合するようになるのです。

　ところで，酒の熟成には時間経過が必須であると考えられてきましたが，必要とされる時間は，酒の種類などにも左右されるものであり，どのくらいの時間経過が，はたして何のために必要なのか明確ではありませんでした。先に述べたように，水とアルコールの微視的混合をつかさどる水素結合は瞬間的に作用します。なぜ，酒の熟成には時間が必要であるとされるのかを紐解いていきたいと思います。

（オーソレミタ教授） 酒の熟成に掛かる時間の問題は最重要である。

1．酒のおいしさ

（バカンティ教授） もちろん熟成時間の問題は，大きな関心事ではありますが，まず，酒の味，酒のおいしさについて考えます。人には好みがありますので，酒の「味」についての議論は難しいのですが，ここでは一般的に，おいしさの要因について項目をあげてみます。（1）官能的アルコール刺激の低減―これは，喉を刺すようなアルコール刺激が少ないとまろやかに感じられます。（2）異臭成分の消失または遮蔽，香気成分の生成― 酒の発酵は，酵母菌によるものですが，発酵と同時に一部は腐敗に似た作用を伴うことがあります。生成した嫌な臭いは味をそこねますので，嫌な臭いを感じさせなくする工夫が必要です。またアルコール臭そのものを遮蔽する必要もあります。（3）呈味成分のバランス（酸味，渋み，甘み）― 酒に限らず，どのような飲料や食品についても，良い味を得るには，含まれる成分間のバランスを取ることが重要です。（4）溶液の色調または清澄性。（5）適正な温度。

ここで，アルコールを含まない飲料，たとえば，ノンアルコールのビールに登場してもらいます。ある会社のノンアルコールビールが多くの人に好まれ，販売が伸びるためには，上述の（1）から（5）のうち，（1）を除くすべての条件が満たされている必要があります。その飲料について，（2）から（5）の「味に関する必要条件」がすべて満たされているとします。そこに，アルコールを混合すると，果たして，そのアルコール化した飲料はおいしく飲めるのでしょうか。まずこのような問題提起を

しておきたいと存じます。

これから水の水素結合構造性について解説します。酒類の熟成現象に関しては，竹嶋研究員が陳述に加わることをお許し下さい。

ノンアルコール炭酸飲料「こどもびいる」
http://www.tomomasu.co.jp/kodomo/history/#h_01

2．水の水素結合構造性

（竹嶋研究員） アルコールと水の微視的混合状態に関する問題を扱います。

（バカンティ教授） 水とアルコールの混合について考察するとき，水そのものをよく理解しておく必要があるのです。水分子 H_2O は，酸素原子Ｏと２個の水素原子Ｈが結合しており，∠ＨＯＨの角度は，104.5°になっております。物質の状態には，気体，液体および固体の三つの状態がありますが，（理想的な）気体状態では，水分子同士が互いに結合することなく，一分子ごと個別になっております。

申し上げるまでもなく温度０℃から100℃の間では，水は液体状態で存在します。ここで水の水素結合構造に関する一つの古典的なモデルを提示します。このモデルによると，水分子

同士は水素結合によって結合しあい，クラスターと呼ばれる水分子の集合体を形成します。その一方で，他の水分子とは結合せずに，単独で存在している水分子が存在するとします。これら二種類の水の状態，すなわち（1）集合してクラスターを形成している水と（2）孤立した水分子が，相互に交替を繰り返しているというモデルが提案されているのです。この古典的モデルは，複雑な水の特性をうまく説明するかも知れません。

ところで液体状態の水の性質は，温度によって大きく異なります。低温の水に，油は溶解しませんが，高温になると，水に油が溶け易くなることに，注目する必要があります。顔の鼻先や身体表面の油脂は，冷水には溶けませんが，お湯によく溶けるのは，温度上昇による溶解速度の上昇だけによるのではないのです。水は高温になると，低温の水とは異なる性質を獲得するのです。

固体状態の水は，氷です。身の回りで目にする普通の氷（I_h）の立体構造を示します（図 Th-1)。よく見ると，一つの酸素分子は 4 個の水素分子に取り囲まれていることが分かります。4 個の水素原子のうち 2 個は酸素原子の近くにありますが，残りの 2 個は酸素原子から遠く離れて存在しています。氷の中のどの酸素原子についても，同様に，4 個の水素原子で取り囲まれています。酸素原子だけに注目する（2 つの酸素原子間には 1 個の水素原子が挟まれている）と，酸素原子は四面体構造をしています。四面体構造というのは，写真を撮るとき使われる三脚のような構造で，各酸素原子間の角度はいずれも 109.5° となっています。氷の結晶中では，このような四面体構造が 3 次元に無限に広がっているのです。

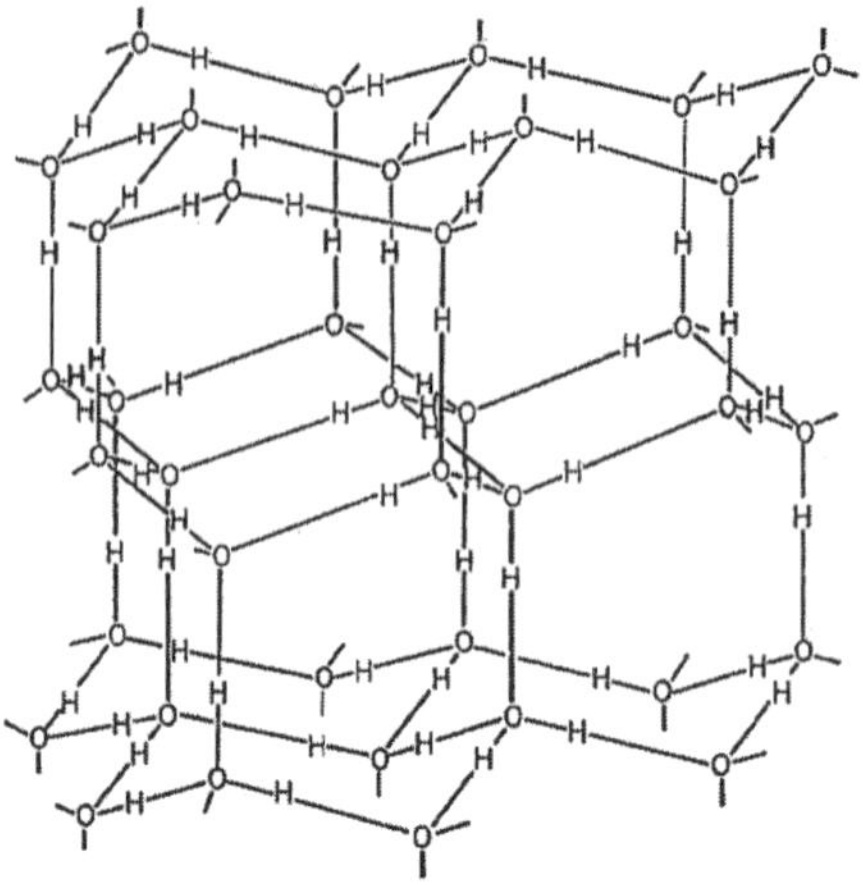

図 Th-1　氷 I_h の構造

図 Th-2

理論計算による液体の水の構造―ひとつの酸素原子（暗色）の周りに4個の水素が結合している状態が見えている。

[名古屋大学理学部大峯巖教授のご好意による]

水と氷は０℃において，共存できますが，はたして，固体の氷から液体の水に変化した瞬間に，氷の構造性は完全に失われるのでしょうか。実は，氷が融解して水に変化しても，氷構造はかなり保持され続けることが出来るのです。ここで，コンピューターで計算した水の状態，すなわち水の水素結合ネットワークを示します（図 Th-2)。一つの酸素原子のまわりを見ると，２個の水素原子がすぐ近くに，別の２個の水素原子が遠くに存在していることがよく分かります。水の中での，このような状態は，固体の氷の中の状態とかなりよく似ている面もあります。しかし，水の中においては，水素結合の一部が切断されており，周囲には４個ではなく３個の水素原子しか存在しない酸素原子も生じてしまっているため，氷の中で見られた無限に続く規則性は失われています。これから酒類の熟成へと話を進めましょう。

３．酒類の熟成

（竹嶋研究員） 酒類の熟成現象に関する化学的な研究は，樽熟成を伴うウイスキーについて最も盛んに行われてきました。ウイスキーの製造には大麦の麦芽（モルト）が使われます。大麦を水に浸し，適度な温度に保つと，発芽しますが，それを乾燥させ,芽と根の部分を取り除いたものが麦芽です。麦芽中には，デンプンを糖に換える酵素（生体触媒）が豊富に含まれています。麦芽を粉砕し，湯に浸して得た麦汁には，大麦デンプンが分解して生じた糖分が多量に含まれております。その麦汁に酵

母（イースト）を加えて発酵させると，アルコールが生成しますが，その濃度はビールと同程度にしか過ぎません。そこで単式蒸留器で２回蒸留して，アルコール濃度を高めます。蒸留直後のスピリッツは，そのままでは荒々しく感じますが，木製（オーク）樽に詰め，長期間熟成させると，芳香を漂わす琥珀色のウイスキーに育ちます。

ウイスキーの熟成の機構として，いくつかの要素が考えられています。イギリスで発行されたウイスキーの科学と技術の専門書「The Science and Technology of Whiskies」（1989 年）の熟成に関する章は，日本人の手によって記述されております。この本の中では，（１）樽の木材成分の溶出，（２）樽中での化学反応，（３）水とエタノール（アルコール）間の安定な分子クラスターの生成が挙げられております。これらの要素の中で，（３）「水とエタノール間の安定な分子クラスターの生成」は，（１）と（２）の化学成分の変化と関連しながらも，基本的には独自の物理的変化に基づくと考えられていました。ここで，アルコールとエタノールは同意義語として取り扱います。

（オーソレミタ教授） ウイスキーの熟成は，樽の中での時間経過による，アルコールと水のクラスター形成が最も重要であるはずである。

（バカンティ教授） 先述の専門書中の「水とエタノール間の安定な分子クラスターの生成」は，別の表現をすると「水とアルコール間の微視的（分子レベルの）混合」となります。この「安定な

クラスターの形成」または「微視的混合」が，果たして，化学成分の変化に基づくのか，あるいは，化学成分の変化とは切り離された，純粋に時間経過だけによる物理的な変化に基づくのかどうかを明らかにするために，これからお話する実験を行いました。

（オーソレミタ教授） 純粋に時間経過だけに依存するかどうかを研究するには，あらゆる化学成分の混入を避けなければならない。バカンティ教授，果たして，全面に金メッキを施した壺でも用いたのかね。

（バカンティ教授） 金メッキなどとおっしゃらず，オーソレミタ教授におかれましては，天下を統一した太閤秀吉にならい，純金製の壺でもお使いになられたら良いかと存じます。しかし私共の研究の場合は，事情が大きく異なっております。外界からの微量物質の混入を避けるために純金製または金メッキを施した容器を用いて，水とアルコール混合物の時間経過を観察する必要はありません。むしろ，化学成分の添加により，即座に，水とアルコールの微視的（分子レベルの）混合が起こることを観察したのです。

4．酸やポリフェノール類によるNMRの化学シフト

（バカンティ教授） 水溶液など溶液の性質を研究するために，これまで様々な手法が用いられてきました。私共は，主に，ＮＭＲ（核磁気共鳴）法とラマンスペクトル法を用いて，水—ア

ルコール溶液の状態に関する研究を進めました。ＮＭＲ法は，病院で使われるＭＲＩと同じ原理に基づいています。ＮＭＲ法を用いると，水やアルコールなどの水素原子核のまわりの電子状態の違いによって，物質の違いを識別することができますし，さらには，同じ物質であっても存在状態が異なれば，その状態の違いを知ることができます。このようにして水の存在状態の違いは，ＮＭＲのシグナルの違いで分かります。

図 Th-3 に，（体積比率で）60％エタノール混合水溶液の NMR 測定結果を示します。水およびエタノールＯＨシグナルが共に観測できています。ここで，特に注目すべきことは，水のＯＨとエタノールＯＨが明確に区別できることです。このように，単なるエタノール混合水溶液においては，（水とエタノール間の

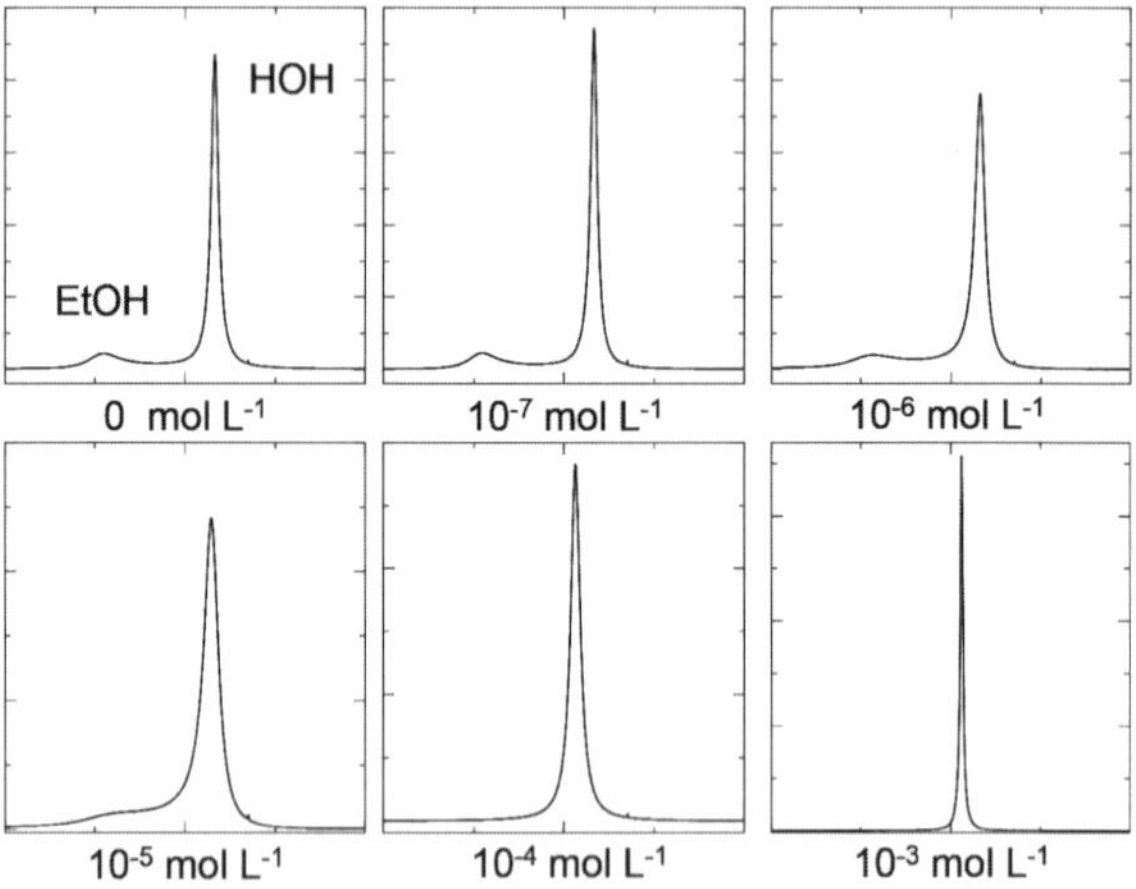

図 Th-3
少量の酢酸添加による 60% (v/v) エタノール - 水混合溶液の
^{1}H NMR スペクトル変化

プロトン交換は盛んではなく）水のＯＨおよびエタノールＯＨの水素原子核のまわりの電子状態は明確に異なっているのです。

60％エタノール混合水溶液に対して，少量の酸，たとえば，酢酸を添加します。容量モル濃度単位で 10^{-7} モル濃度の酢酸を添加しても，何の変化はありませんが，10^{-6} または 10^{-5} モル濃度の酢酸を加えるとエタノールＯＨのシグナルは減少し，水のＯＨシグナルと一体化していくことが分かります。二つのシグナルが一体化したということは，エタノールＯＨと水のＯＨが区別できないことを表しています。２本とも観測されていた時とは異なり，水素結合による相互作用が強まり，エタノールＯＨの水素原子核のまわりの電子状態が，水のＯＨの水素のまわりの電子状態と区別できない状態になったのです。酢酸濃度を 10^{-4} または 10^{-3} モル濃度に上げると，一体化したエタノールと水のＯＨのシグナルの線幅は細くなり，水とエタノール間の水素結合のやり取り（またはプロトン交換）は更に速くなったことが分かります。

5. ウイスキーの樽熟成効果

(竹嶋研究員) 私はスコットランドのウイスキー製造会社ベンネヴィスの一員でしたが，あるとき，エジンバラ近郊のGK醸造所を見学したことがあります。そこでも，モルトウイスキーの発酵に，木製の大きな樽を用いているのが見学者の目に触れるようになっていました。発酵モロミの蒸留には，スコットラ

ンドでは最大級の蒸留釜が使用されていました。発酵モロミが加熱され，沸騰すると白い泡が舞い上がってきますが，この泡が蒸留留分に混入することのないよう，蒸留器についた監視窓を見ながら，加熱電源のスイッチを操作する技術者がいたことを覚えています。

本題に戻りますと，蒸留したモルトウイスキーの樽熟成には，さまざまな種類の木製（オーク）樽が用いられます。（１）古樽＝何度を使い古した樽，（２）活性樽＝古樽の内部を，再度焼き直した樽，（３）新樽＝新しい樽，（４）シェリー樽＝ワインの一種であるシェリー酒の貯蔵に使用した樽，（５）組み換え樽＝一部を新材に換えた樽。このような様々な樽中で，様々な年数にわたり貯蔵（熟成）したモルトウイスキーについて，化学成分を分析すると，総フェノール量と酸度（酸の含有量を酢酸の濃度として示したもの）の間には，良い相関関係がありました。

ここでは，総フェノール量と熟成年数の関係を示して見ました（図 Th-4)。シェリー樽中でモルトウイスキーを３，５，１０，１５，１９，２３年間貯蔵すると，総フェノール量は，比例的に増加します。しかし，古樽や活性樽を用いた場合には，わずかしか増加しませんでした。新樽を用いると，総フェノール量の増加は，シェリー樽ほどではありませんが，かなり高い値になりました。同じ期間（たとえば１５年間）貯蔵した場合には，総フェノール量は，古樽＜活性樽，組み換え樽＜新樽＜シェリー樽の順に増加していることが分かりました。以上のモルトウイスキーは，Ｎウヰスキー株式会社Ｓ工場から提供を受けたものです。

（バカンティ教授） 結論として，ウイスキー中の有機酸やポリフェノール成分は，水−エタノール昆合物の構造性を強め，また，水とエタノール間のプロトン交換を促進します。「水とアルコールの微視的混合」は，化学成分の変化に基づくものであり，単なる時間経過による物理的な変化に基づくものではないと結論付けられます。

（オーソレミタ教授） ウイスキーの熟成が時間経過による物理的な変化によるものではないとは，さても奇妙な結論である。要するに，有機酸やポリフェノールを添加することにより，30 年物のウイスキーと全く同じものが人工的に造れるというのだな。

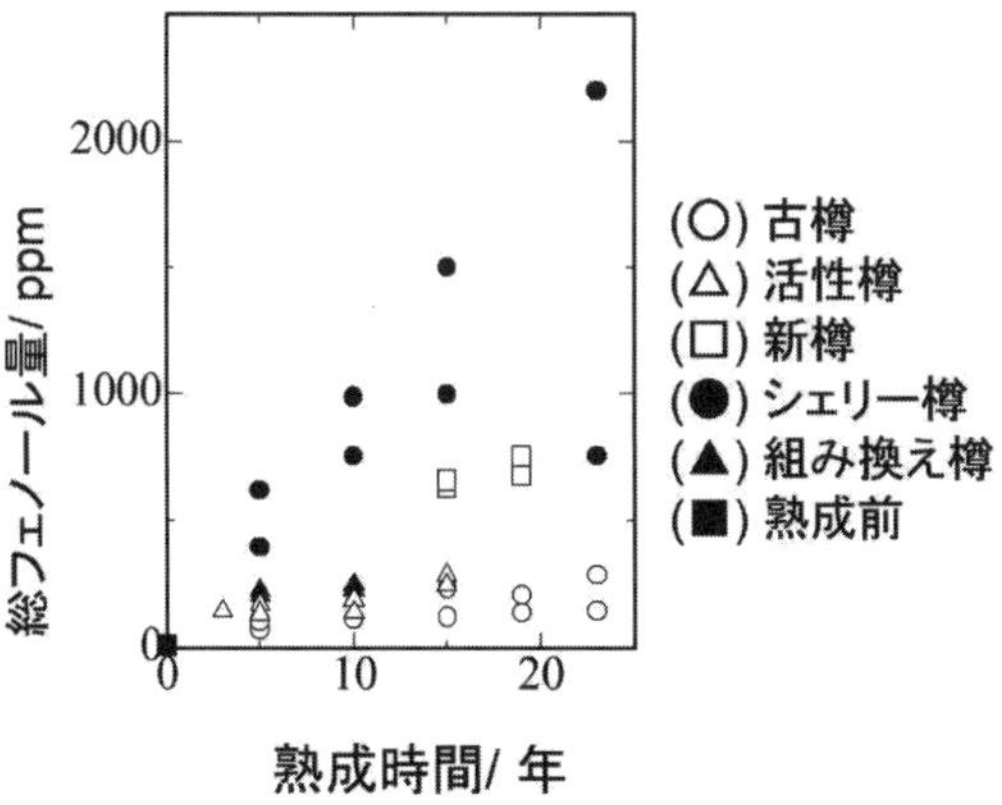

図 Th-4
熟成年数によるモルトウイスキー中の総フェノール量の増加［文献4より］

（バカンティ教授）いいえ，そのような主張ではありません。味が良いかどうか等の品質の問題は考慮せず，単なる水とアルコールの混合物（飲用不可）が如何にして飲料可能な酒に変換されるのか，その原理を明らかにしただけのことです。

別の例を引き合いに出してみます。生米《なまごめ》は体内では消化され難いので，人がそのまま食することはありません。水を加え，加熱することにより，ベータ状デンプンをアルファ化させますと，消化・吸収されやすくなります。おいしい米飯を供するには，まず銘柄米を選び，手際良く洗米し，水蒸気の力を借りながら高温で加熱し，火を止めてから 15 分ほど蒸らすなどの手順があり，当然，手間と時間が掛かります。しかし，一言では，生米を（味は別にして）食べられる米飯にするには，デンプンをアルファ化すればよいというのが，炊飯の原理です。

繰り返しになりますが，飲料可能ではない単なる水―アルコール混合物を飲料可能な酒に変換するには，酸やポリフェノールを共存させ，水とアルコール間の結合を強める（微視的混合を促す）必要があります。これが，即ち，「酒の熟成」の第一原理であると私共は考えます。出来上がった飲料可能な酒の味が良いかどうかは，糖分などを含め成分バランスが上手く取れているかどうかに依存します。成分バランスは酒の品質を決定する重要な要素ではありますが，酒熟成の第一原理そのものではなく，二次的要素と見做します。ここで，酒の熟成現象を「酒の味」に直結させて考えようとすると，私共の議論の枠を超えてしまいます。

木製（オーク）樽中でしかるべき熟成期間を経て，さらに繊

細な技術で調合され，成分バランスの取れた状態が本物のウイスキーです。本物のウイスキーに含まれる数百種類とも言われる全成分を分析し，それと全く同じ成分を人工的ないしイミテーションによって再現できるかどうかが問われています。ウイスキー中の全成分を再現することは，神様なら可能かも知れませんが，そのような行為は人間技とは思えません。コーヒーやオレンジジュースなど他の飲料については，含まれる全ての成分を人工的に再現すれば，全く同じ味と香りのコーヒーやオレンジジュースになるだろうことは，直ぐにお分かりいただけると存じます。しかし，そのような再現を誰かが試行し，完遂したと聞いたことはありません。

1908年，化学者の池田菊苗によって「旨味」の成分，グルタミン酸ナトリウムが昆布出汁から抽出されました。このように旨味の素（原理）が発見されたと言えども，果たして，この抽出物だけで，スープの味がうまく再現できるものでしょうか。

6．酸添加によるアルコール刺激の減少

（バカンティ教授） 溶存する有機酸やポリフェノール成分が，水の構造性を強める働きをすることにより，アルコール（エタノール）が，構造化した水にうまく取り込まれます。このような状態では，酸素原子間に挟まれた水素原子は，もともと，水HOHに所属していたのか，エタノールEtOH由来だったのか区別がつかなくなります（図Th-5)。この結果，アルコールが水と区別がつかなくなる，換言すると，アルコールがいわば，

水化することによって，アルコールとしての特性が失われ，アルコール刺激が低減すると私共は考えました。

（オーソレミタ教授） アルコールが水に化けるとは，恐れ入った。アルコール分子が水分子に変わることなど，もってのほかである。

（バカンティ教授） それでは，動物の細胞に対して，または人の感覚として，本当に酸類の共存によりアルコール刺激が低減するのかを調べてみる必要があります。ここでは詳細は省きますが，K ビール株式会社との共同研究によって，「有機酸の共存による

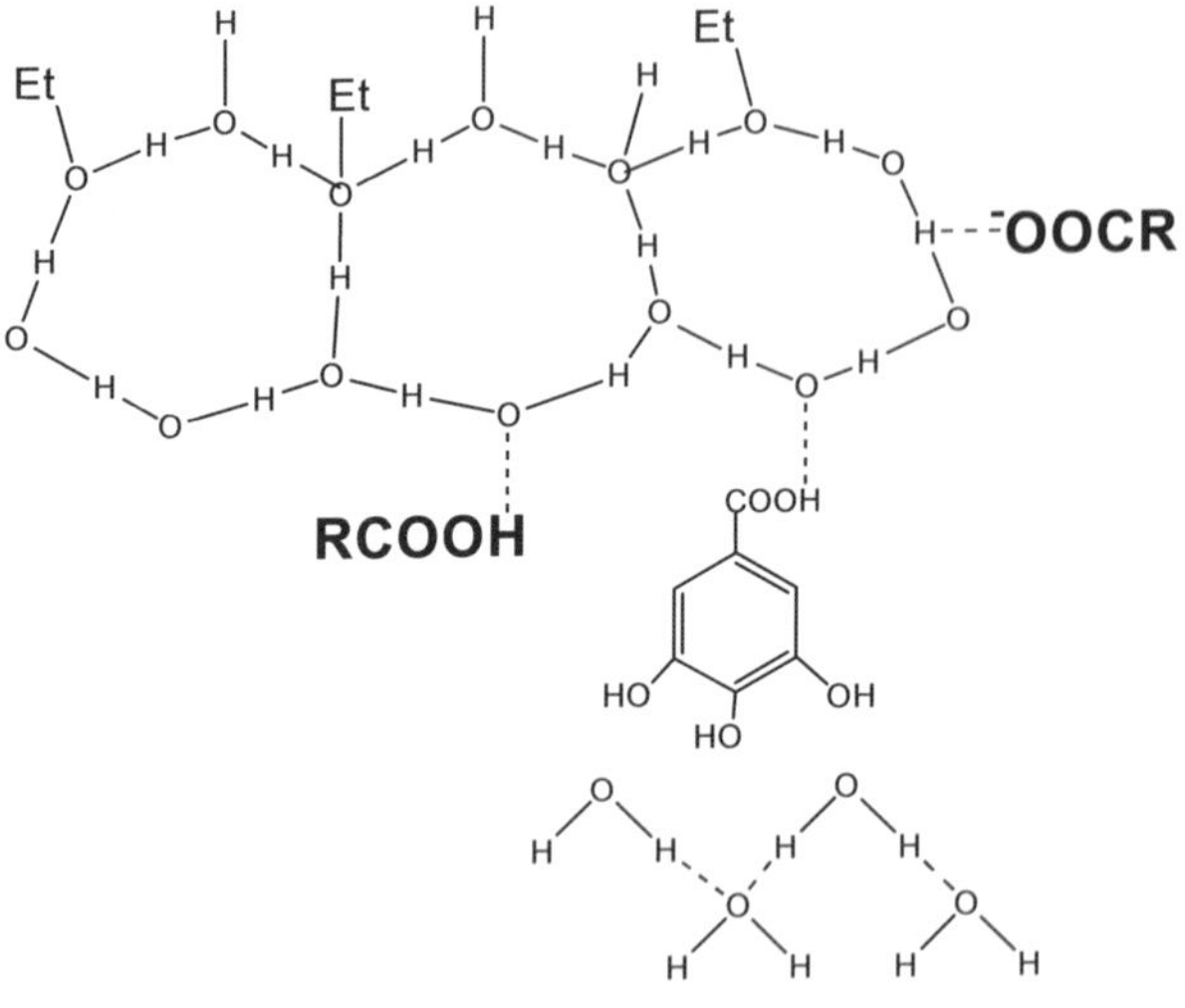

図 Th-5
酸（プロトン供与体）または塩基（プロトン受容体）
によってもたらされる水とアルコールの緊密な結合 [1]

アルコール刺激の低減」が実証されたことを述べておきます。

（オーソレミタ教授） 私は，酒の神様と言われた坂口謹一郎博士を存じているが，彼は「日本の酒」（岩波新書 1964 年，岩波文庫 2007 年）の中で次のように述べている。

「このような大切な酒の性格を造り出す貯蔵現象の真のメカニズムは果たしてどうかと問われても，これは他の国々の学者もわれわれも，現在の科学の段階では残念ながら全く五里霧中の状態であるという他はない。……この上は基礎の物理学や生化学の知識が今一段の飛躍をとげる時期を待つのみである」。このような重大な発言に対し，バカンティ教授は，いかに応じるかな。

（バカンティ教授） 確かに，酒の熟成現象のすべてを解明することは，現在の科学および技術のレベルでは不可能かも知れません。しかし，熟成現象の一側面だけに絞って研究すること，たとえば，上述致しましたように水とアルコールの混合，微視的（分子レベルの）状態について，最新の測定器による観測データに基づき解釈し，真の解明を目指すことは可能だと考えら

「化学研究　生中継」高知大学化学系教員編
（株）南の風社 2004 年印刷 p.32 より

れます。

酒類に関しては，主にウイスキーの研究成果を示しました。もちろん私共は，日本酒 [5] や焼酎 [6] についても詳しく調べ，同様の結論を得ております。酒類中には，化学成分が数百種類以上含まれているとされていますが，結局は，それらすべての成分は，酒の味（おいしさ）に関係してきます。そのうち有機酸，アミノ酸，ポリフェノール類はアルコール刺激の低減に直接寄与する成分です。しかし，これらの成分はまた，同時に，酸味や渋みの「味」を強く形成します。酒類の味を向上させるためには，通常の食品と同様に，しかるべき時間をかけるなどして，成分バランスが（可能な限り）最も好ましい状態になるよう仕向ける必要があることは申し上げるまでもありません。アルコール刺激の低減には酸やポリフェノール類の存在が不可欠であるという私共の主張と，「熟成や混合・調整を経ていない酒はおいしくない」との主張は，互いに矛盾するものではなく，両立する，又は，それぞれに独立した概念です。

2xx5 年，K ビールが中国本土に進出している合弁会社を訪問したことがあります。私共の講演を静かに聞いていた日本人社長が発した次の言葉を忘れることができません。「これまでやってきた我々の酒造りに間違いはなかった」。この

図 Th-6
テーマパーク内での寸劇（中国珠海）
2005 年 9 月撮影

ように私共の酒の熟成理論は，少なくとも生産者には受け入れられていると信じます。

問題とされている単行本は，2xx9 年 3 月に竹嶋研究員と共著で「酒と熟成の化学〜響きあう水とアルコール」として出版致しました。本書により，私共は図らずも寺田寅彦記念賞を受賞する栄誉に与かり，大変有り難く存じております。

（オーソレミタ教授） 寺田寅彦記念賞なる一地方の賞などは，取るに足らないものである。それよりバカンティ教授は，近年，海水に純金を溶解したと吹聴していると聞く。この件に関して，陳述せよ。

注釈（木曜日）

[1] A. Nose, **M. Hojo**, T. Ueda, *J. Phys. Chem. B*: **108**, 798 (2004).

[2] A. Nose, **M. Hojo**: *J. Biosci. Bioeng*., **102**, 269 (2006).

[3] 北條正司，能勢　晶：分析化学 **57,** 171 (2008).

[4] A. Nose, **M. Hojo,** M. Suzuki, T. Ueda: *J. Agric. Food Chem*., **52**, 5359 (2004).

[5] A. Nose, M. Myojin, **M. Hojo,** T. Ueda, T. Okuda: *J. Biosci. Bioeng*., **99**, 493 (2005).

[6] A. Nose, T. Hamasaki, **M. Hojo**, R. Kato, K. Uehara, T. Ueda: *J. Agric. Food Chem*., **53**, 7074 (2005).

金曜日

純金は海水に溶解するか？

1. はじめに

（バカンティ教授） 皆様ご存知のとおり，金と銀はいずれも貴金属ですが，性質は大きく異なります。銀の装飾品は手入れを怠ると表面の光沢がなくなる一方で，金製品は永遠の輝きを保つことが出来ます。純金は空気中の二酸化硫黄などと反応することがないことを示しています。ティファニーのオープンハートと呼ばれるネックレス（図 F-1 参照）がその好例です。

このオープンハートは別にして，貴金属類には縁がなく，研究予算にもそれほど恵まれたわけでない私が，純金の溶解に着手したのは，2x11 年 4 月初旬のことでした。まず研究室の卒論生や大学院の学生たちに問い掛けをしてみました。「塩化ナトリウムを混合した希硝酸溶液に純金は溶解するだろうか」。返ってきた答えは例

図 F-1
ティファニーの
オープンハート・ネックレス

外なく，否でした。希硝酸には強い酸化力がないので，固体の金が酸化溶解されるはずがないとの「模範解答」でした。酸化を受けにくい貴金属類中でも，金や白金の酸化電位は最高位にあり，容易には酸化を受けないことはよく知られています。

学生の中には，金は，濃硝酸と濃塩酸の混合物である「王水」にしか溶解しないと考えている輩もいました。そこで，「溶けないと言うなら，やってみよう」ということになり，この研究が始まったのです。ここで一言だけ断っておきますが，私バカンティ教授は，決して一獲千金を狙う「山師」などではなく，地道な研究結果をコツコツ積み重ねる研究者であることを申し述べておきます。

（オーソレミタ教授） 純金は王水にしか溶けないと信じておる学生がいても，それは致し方ないだろう。

2. 金の溶解法

（バカンティ教授） 古代エジプトなど古くから，金は装飾品の素材として使われてきました。金や白金など貴金属の溶解に用いられる王水については，早くも，8世紀のアラビアの錬金術師ゲーベルによる記述があります[1]。8世紀というと，日本では聖武天皇が平城京に金色に輝く大仏を建立し，また桓武天皇により平安京への遷都がなされた頃です。

物理と化学のデータ集「CRC ハンドブック」[2]には，王水の調製法が次のように記述されています。「濃硝酸 1 体積と濃

塩酸３体積を混合する。王水の効果を長時間持続させたい場合には１体積の水を含ませる。もし水を加えなければ，塩素やその他のガスが無暗に発生する」。

王水の他に，金の冶金のために多数の溶解法 [3] が研究されており，そのうち 1889 年に開発されたシアン化法（青化法）は，シアン化物イオンによる強い錯形成力を援用するので，金は空気中の酸素によっても容易に酸化され，溶液中に溶解します。ところで 19 世紀末まで大規模に行われていたのは，塩化物法でしたが，すぐにシアン化法に置き換わられました。塩化物法も，やはり（塩化物イオンによる）錯形成力を利用しております。この場合，金（Au）原子が電子を失う電位は低下し，イオン化し易くはなってはいますが，それでも塩素ガス（Cl_2）やオゾン（O_3）など強力な酸化剤が必要です。

（オーソレミタ教授） 純金の工業的溶解法の紹介は，そのくらいで良いとして，一体海水には如何ほどの金が溶解しているか。

３. 海水中の金濃度

（バカンティ教授） 海水中には，地球上に存在するすべての元素が溶存しているとされます。歴史的には，初めて海水中に金が存在すると予言したのは，19 世紀中葉の Percy と Smith [4] でした。海水中の金濃度に関して Sonstadt [5] は，海水１トン当たりの金は１ｇをはるかに下回ると記しました。第一次世界大戦後，Ｆ・ハーバーは海水からの金の回収を試みましたが，

祖国ドイツを救いたいとの目論見を満たすことは出来ませんでした [6]。京都大学の石橋ら [7] は，海水からの缶石中の金の含有量を求めました。彼らは惨憺たる苦労の末，海水から回収した金を，薄片に叩き延ばし，更に拡大鏡を付けて，昭和天皇にもご覧いただいたと聞き及んでおります。現在，太平洋や大西洋の金の存在量は，海水 1 リットル中 (10 ~ 30) × 10^{-12} g 程度 [8, 9] とされています。

（オーソレミタ教授） 海水中に溶解している金濃度は，極めて低濃度であることが分かった。それは良いとして，海水は，塩化ナトリウムを主成分としているゆえ，先ほどのバカンティ教授の説明からすると，酸化剤として塩素ガス(Cl_2)やオゾン(O_3)を用いると，海水中に純金を溶解させることができることになるが如何かな。

（バカンティ教授） まったくその通りです。金イオン（Au^+または Au^{3+}）に対する塩化物イオンの錯形成能によって，金属状の金から金イオンへ酸化される電位は低下しますが，それでも，塩素ガス（Cl_2）やオゾン（O_3）などの強力な酸化剤が必要です。私共は，酸化剤の塩素ガスを得る手段として，濃硝酸ではなく希硝酸の酸化力を利用しました。

（オーソレミタ教授） バカンティ教授は，希硝酸の酸化力を利用したと申したように聞こえたが，２モル濃度以下の希硝酸には，事実上酸化力がないとされており，このことは化学の初学

者でも心得ていることである。この私を愚弄しているのではあるまいな。

（バカンティ教授） いいえ，とんでもございません。もう，かれこれ 10 年ほど前に，私共は希硝酸から酸化力が発現することを発見致しましたが，これほど重要とも思われる発見が未だに周知されていないことは，私共の脆弱な発信力の致すところと恥じ入るばかりです。

これから，希硝酸の酸化力発現機構について，ご説明致したく存じます。これまで 4 日間に陳述致しました内容と，重複する場合がありますが，ご容赦ください。

4. 水の構造による特性変化

4.1　非水溶媒中の微量の水

（バカンティ教授） 私共は [10]，非水溶媒中における各種の化学種の電気分析化学的挙動を研究して参りましたが，非水溶媒中にごく少量含まれる「残余水」の影響に悩まされ続けました。非水溶媒を厳密に脱水しても，残余水の濃度は，研究対象としている化学種の濃度と同等か，むしろ高いことが多いのです。一般に知られる水の化学反応性や溶媒和力は相当高いので，水の量を完全にゼロ濃度にしなければ，非水溶媒中の溶質の本当の挙動は分からないと，よく指摘を受けたものです。

このようなとき，苦し紛れに「地球上で実験を行う限り，水蒸気からの水の混入は避けられない。水を少量ずつ添加して測

定し，逆にゼロ濃度に外挿することにより，真の挙動を推定している」などと応えることがありました。しかし，反対論者はそれを許さず，「非水溶媒中の水を絶対ゼロ濃度にした時の状況は，水を少量含む場合とは全く異なっているはずであり，外挿によっては得られない」との主張を曲げることはありませんでした。

それにもかまわず，非水溶媒中の研究を続けていますと，含有する水がごく少量（～0.05％以下）のときと，少量ながらもある程度濃度の高い（～0.5％）ときでは，異なる化学反応が観測されることに気付き始めました。また，非水溶媒（1, 2―ジクロロエタン）中に少量存在し，水分子が孤立状態になっているときの水が示す塩基性（ドナー数 D_N = 18）[11] とバルク水が示すそれ（D_N ~ 40）[12] は大きく異なっていることにも気付かされました。この問題については，初日に論じたところですが，独自に NMR による実験データを出して変化を確かめました [10]。

4．2　バルク水特性の獲得

（バカンティ教授） こうしている間に，水すなわちバルク水としての特性は，膨大な数の水分子が水素結合による自己集合化をして，初めて，獲得されるものであるとの概念に到達しました。水分子が大集団化できない状況下，例えば，濃厚塩を含有する水溶液または水―有機溶媒混合溶液中では，水の特性は，アルコールないしエーテルに類似するとの仮説を立てました。ちなみにジエチルエーテルの塩基性（D_N = 19.2）は孤立状態

の水の塩基性（D_N = 18）に近いのです。

この仮説に対し，「Solvents and Solvent Effects in Organic Chemistry」（第 4 版 2008，Wiley）の著者であり，世界的に著名な C. Reichardt [13] は大変親切にも，著者らの考えを次のように簡潔に記述しました。すなわち，「塩濃度が高い時 [c(salt) > 5 mol dm^{-3}] には，Frank と Wen [14] による溶媒和モデル（図 F-2）における C 領域が消滅し，A および B 領域だけが残存することになり，その結果，水溶液は『二水素エーテル』と呼ばれるものに変わる」。

バルク水としての特性が失われ易い条件としては，濃厚塩溶液の他に，逆ミセル微小水滴があります。逆ミセルとは，通常のミセル系とは逆に，外周りに多量の有機溶媒相があり，界面

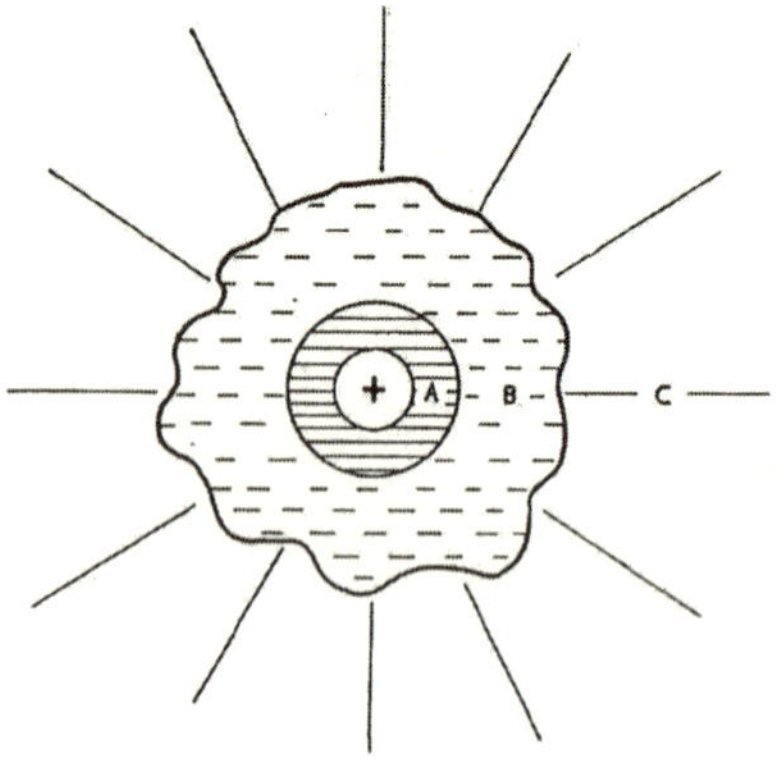

図 F-2　陽イオンに対する溶媒和モデル
A 領域：水和による構造形成，B 領域：構造が破壊された領域，
C 領域：バルク水。

活性剤の親水部が内側を向いて，ナノメートル・サイズの微小水滴が形成されます。そのサイズを小さくすると，水の構造は，バルク水の持つ自然な自己集合体を維持することができなくなり，結局は，特性が「二水素エーテル」化していくと考えたのです。

（オーソレミタ教授） 水とエーテルを混同視しているようである。水は常に水であり，エーテルは常にエーテルである。聡明なるバカンティ教授が，水のエーテル化，又は，水の特性変化などという愚説を唱えるに至るまで堕落したとは大変遺憾である。「水のエーテル化」を主張するのであれば，その逆の「エーテルの水化」があっても良かろうと思うが，如何かな。

（バカンティ教授）「水分子の大集団化によるバルク水特性の獲得」は，私共の研究遂行中に，いわば自然発生してきた概念といえます。とは言え，身近な研究者の研究成果や言動からヒントを得たことも事実です。そのうち，大きな影響を受けた２例について申し上げたく存じます。

その一つは，30 年近く前，テキサス A&M 大学で、ポストドクとして研究し始めたときのことでした。指導教員である卓越教授 D.T. Sawyer 先生から，一つの課題が投げ掛けられました。「水分子の O − H 間の結合力は大変強く，メタンの C − H 結合よりも強いはずなのに，水中では，水分子がいとも簡単に H^+ と OH^- に分解してしまう。これは一体なぜなのか」。アメリカ空軍の大尉であり，毎週水曜日には空軍の制服を着て研究室に出て来ていた大学院生のシルビアの言によると，「この

課題は，Sawyer 先生がいつも口癖にされている」ことを後で聞いた。そのとき私は,「水溶液中では水分子は非常に多数あり，これら多数の水分子の支援を受けて，極々一部分だけが解離している」と返答したと記憶しています。

二つ目として，私共の研究室出身者で，H 大学で学位を得た Y 氏の学位論文を読んだことです。その学位論文中で，「水素結合により結合した２分子の水分子は，水素結合していない単独の水分子とは異なる特性を示す」との趣旨による考察がなされておりました。

Y 氏から学位論文を謹呈されたのは，私がテキサスから帰国した直後のことでした。以上の二つの考えが巧みに融合して，「莫大な数の水分子間の水素結合による自己集合体が形成されることによって初めて,バルク水としての特性が自然発生する」との概念が形成され発展したのです。元来，単独の水分子は，エーテルと同程度の塩基性しかもっていないのですが，大集団化により，水としての特性を獲得したのです。

「水のエーテル化」の真逆である「エーテルの水化」の有無に関するご質疑に対しては，通常のエーテル，即ち，ジエチルエーテルの水化はありえませんが，水分子，即ち「二水素エーテル」は，自己集合化により水化するとご回答致したく存じます。

4.3　逆ミセル微小水滴

（バカンティ教授） 界面活性剤を用いて生成させた逆ミセル中ナノサイズ微小水滴の特性が，如何にバルク水の特性から掛け離れているかを調べてみました [15]。微小水滴のサイズを変化

させたり，様々な塩や酸を添加したりすると，その変化は目視によって分かるほど歴然としていました。しかし研究の最終局面において，困難が待ち構えていました。塩酸や硫酸ではなく，希硝酸を添加して，しばらく恒温（15 ～ 35℃）に保っておくと「溶液が黄色に着色する」と，実験を担当していた学生が訴えてきたのです。

大変興味深い現象でしたが，この現象を解明するのは容易ではありませんでした。ここでは水の特性を評価する手段として，$CoBr_2$ 水溶液の 6 配位錯体（淡赤色）から 4 配位錯体（青色）へのコンフォメーション変化を利用していました。コバルト錯体の中に何か黄色種はないか，近くの錯体化学研究室のご厚情を得て，詳しく吸収スペクトルを測定してみましたが，逆ミセル中で新たに生成するかもしれない黄色コバルト錯体に基づく説明を試みるのは断念せざるを得ませんでした。

（オーソレミタ教授） 逆ミセル微小水滴中での，黄色変化とは，確かに大変興味深い現象である。そのような現象の観測例は他にもあるのか。

（バカンティ教授） 同様の逆ミセル微小水滴に希硝酸を添加すると，溶液が黄色に変色するとの情報は，後に，H大学のＦ教授からもたらされました。私共とほぼ同時期に（または，それよりも以前から），彼らの研究グループも，不可思議な現象に悩まされたようです。

このように，同じ時期に不可思議な現象を観測した例には事欠

きません。例えば，1980～1983年頃，南極大陸上空成層圏のオゾン密度が，春季に著しく減少していることを，日本隊（昭和基地）と英国隊（ハレー・ベイ）がほぼ同時期に認識したことはよく知られております。このとき半信半疑であった両隊は，互いに連絡を取り合い，オゾン層の破壊を確認し合ったようです。

逆ミセル中の黄色変化の原因仮説（黄色コバルト錯体）が破綻したからには，大胆な発想転換を図る他に手立てはありませんでした。界面活性剤CTAB（セチルトリメチルアンモニウム臭化物塩）のBr^-が希硝酸によってBr_2（またはBr_3^-）に酸化されるのではないかとの考えが生まれたのです。黄色溶液の吸収スペクトルは，Br_3^-のそれと一致し，また他の方法でもBr_2の生成を確かめることができました[16, 17]。こうして，逆ミセル微小水滴中の希硝酸（この場合0.25 − 2.5 モル濃度）は，Br^-をBr_2（またはBr_3^-）に酸化する能力を持つことが確認されました。

（オーソレミタ教授）逆ミセル微小水滴中の希硝酸が酸化力を発現すると主張しているようである。確かに，当初は希硝酸かもしれないが，界面などに濃縮され，濃硝酸にでもなっているのではないか。

4.4　塩化物塩を含有する希硝酸バルク水溶液

（バカンティ教授）そのような可能性があるかも知れません。また，希硝酸による酸化反応は，微小水滴中ではなく，外周りの有機溶媒中で起こっているやも知れないとの危惧が残ってい

ました。そこで界面活性剤や有機溶媒のない，バルク水中において，酸化力を確かめることにしました。

LiCl または NaCl（少量の LiBr または NaBr を共存）を含む希硝酸（< 2 モル濃度）水溶液が酸化力を発揮するかどうかを調べると，逆ミセル中と同様に，Br^-が Br_2 に酸化されました。さらに驚くことに，塩化物塩を含有するバルク水溶液中では，希硝酸により Cl^-が Cl_2 に酸化されることまで分かったのです [17]。

ここまで分かって参りますと，**希硝酸に塩化物塩を溶解した溶液中に，貴金属類，特に純金が溶解するだろうとの着想は，偶然ではなく必然的な帰結となります**。Beckham ら [1] は，（濃）硝酸と固体塩化ナトリウムを混合すると，硝酸ナトリウム，塩素および塩化ニトロシルができ（$3\ NaCl + 4\ HNO_3 \rightarrow 3\ NaNO_3 + Cl_2 + NOCl$），この系は王水に似ていると記しています。最初期における NOCl の合成はこの方法を利用しています。NOCl を発見した Davy[18] は，発生した NOCl ガスを吸収させた水には，金を溶解させる能力があり，硝酸－塩酸混合液（王水）の金溶解力は塩素の発生には依らないと記述しています。ここでの Davy とは，1813 年に英国王立研究所で，M. ファラデーを弟子にした，あの Davy なのです。

ともあれ，Beckham らの総説中 [1] や Davy の論文中 [18] には，（濃）硝酸と塩化ナトリウム混合物などの溶液そのものの中で，貴金属類の溶解が試みられたとの記述はありません。米国の有名なエネルギー研究機関の報告書には，Kubota と Tamura [19] が，高レベル放射性廃棄物の貯蔵技術に関連し，80℃において 7 モル濃度の硝酸と塩化ナトリウムの混合物から塩素ガスお

よび塩化ニトロシルが発生することを観測し，この系は王水に似ていると記しています。

(オーソレミタ教授) 希硝酸の酸化力発現とやらについての独演であったが,私は承服できない。もしそうであったとしても，イオンの活量係数を正しく見積もりさえすれば，簡単に説明できるはずである。それで純金は海水に溶解するのか，ぐずぐずせず申し述べよ。

(バカンティ教授) 大変残念ながら，申し上げます。各成分濃度を1モル濃度とし，イオンの活量係数を10と仮定したとしても，ネルンスト式を用いて，希硝酸から十分高い酸化電位を導き出すことは出来ません。

(オーソレミタ教授) それでは一体，希硝酸の酸化力はどのようにして生じるというのか。

(バカンティ教授) それには，まず濃硝酸の酸化力発現機構に立ち戻る必要があります。100％硝酸中または濃硝酸中では，２分子の硝酸からNO_2^+（ニトロニウムイオン）が生成します。濃硫酸中など酸性度の極めて高い溶媒中でも，プロトンが付加した硝酸陽イオン（$H_2NO_3^+$）からNO_2^+が生成されます。生成したNO_2^+はベンゼンなどのニトロ化を引き起こす基となりますが，同時に，非常に高い酸化力を持っているのです。

（オーソレミタ教授） そのようなことは，有機化学の世界では常識であろう。本題の希硝酸の酸化力発現機構はどうなっているのだ。

（バカンティ教授） 私共は，希硝酸であっても，ある条件を満たせば，濃硝酸と同様な機構，即ち，NO_2^+機構により，強い酸化力を発揮すると考えております。その条件とは，硝酸のイオン解離を減少させ，溶液中に多量の硝酸分子を生成させることです。硝酸は，無論，亜硝酸などとは異なり強酸ですから，希薄溶液中では完全解離します。そのような強電解質のイオン解離を抑制するのは容易ではありません。誘電率を大きく低下させるのも一つの手段でしょう。しかし，仮初にも水溶液ですから，比誘電率を８０程度から，１０程度まで大きく低下させる方策は簡単には思いつきません。

誘電率が高いままで，強酸または強電解質のイオン解離を抑えるには，水和（溶媒和）力を弱めることです。即ち，バルク水の性質を変質させ，あたかも非水溶媒「二水素エーテル」の如くにすれば，プロトンと硝酸イオンそれぞれに対する水和力が極端に低下し，両イオン間でイオン対（硝酸分子）が形成しやすくなるのです。

私共は，比較的高い誘電率（$20 < \varepsilon_r < 65$）ながらも溶媒和力に乏しい溶媒中において，各種の電解質が強いイオン会合することを，嫌というほどまでに実証して参りました。濃厚塩共存によるバルク水特性の変質については，先ほども論じたところです。以上が，希硝酸による酸化力発現機構の概略です。

海水に純金を溶解させる前に，まず各種の塩化物水溶液を検討致しました。

5．希硝酸の酸化力発現に基づく純金の溶解 [20, 21]

5．1　塩化アルミニウム共存による金板の溶解

（バカンティ教授） 希硝酸による純金（99.99％）の溶解を，まず塩化アルミニウム共存下において検討致しました。図 F-3 は，2.0 モル濃度の希硝酸に 1.0 モル濃度分の $AlCl_3$ を溶解させた溶液（20 ミリリットル）中に，純金板が全溶解するのに要する時間をプロットしたものです。15℃においては，全溶解に 35 時間要しましたが，温度の上昇と共に時間は短縮し，

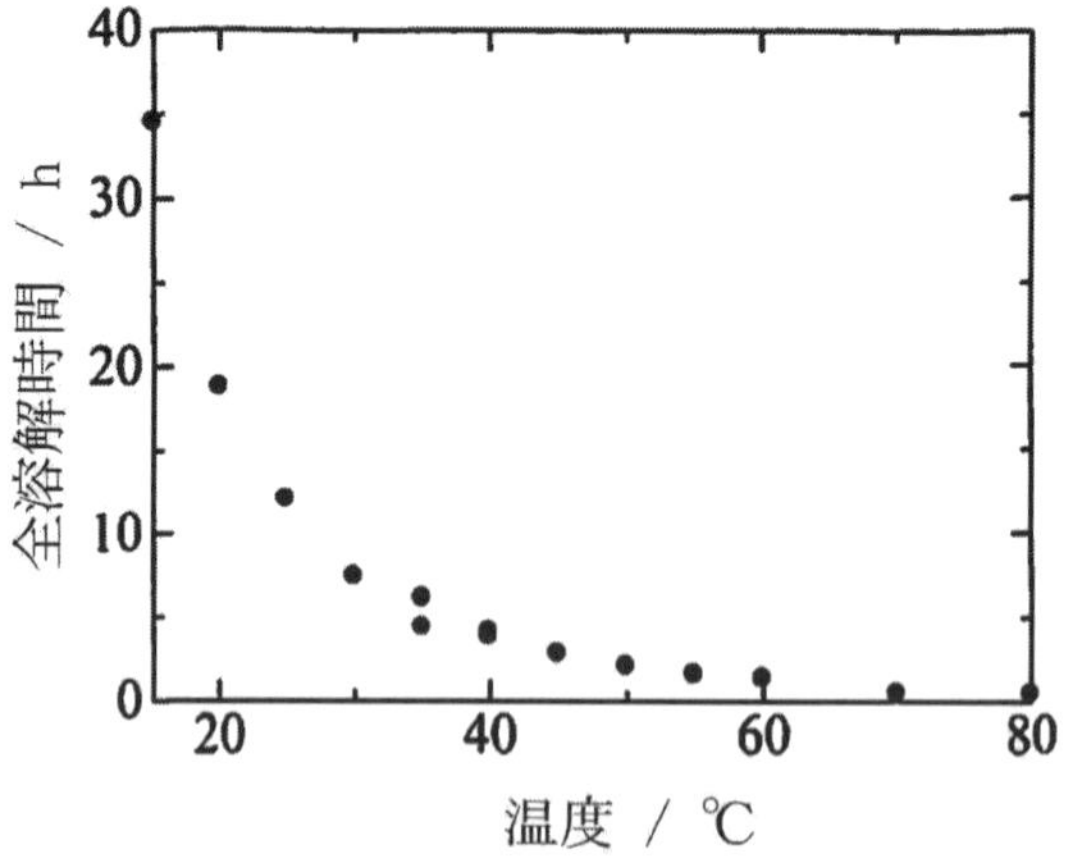

図 F-3
塩化アルミニウムを含有する 2.0 モル濃度硝酸中への
純金板（重量 0.02 g 厚さ 0.1 mm）の完全溶解時間

70 – 80℃においては僅か 20 － 30 分間で純金板は全溶解しました。

5．2　各種塩化物共存による金線の全溶解時間変化

（バカンティ教授） 次に，アルカリ金属，アルカリ土類金属およびアルミニウム塩化物塩について，金板ではなく金線（直径 0.25 mm，0.02 g）を用いて，上述のような操作で，40 または 60℃において全溶解時間を観測しました。NaCl 濃度が 1.0 から 3.5 モル濃度に上昇すると，全溶解時間は著しく短縮しました。その他のアルカリ金属塩についても同様でした。アルカリ土類金属塩化物の効果は，アルカリ金属塩よりも大きく，アルミニウム塩は更に大きな効果を示しました（$KCl < NaCl < LiCl < CaCl_2 < MgCl_2 < AlCl_3$）。

低い濃度の硝酸（0.1―1.0 モル濃度）を用いると，いずれの塩についても金線の全溶解時間は，大幅に長くなりました。例えば 60℃において，0.1 モル濃度の硝酸に 4.0 モル濃度の LiCl を共存させた溶液中に金線（約 20 mg）を全溶解させるのには，200 時間以上の長い時間が必要でした。

（オーソレミタ教授） 200 時間以上というと，10 日近くになるが，それで金線が全溶解したと申し立てているのだな。全く信じるわけにはいかない。

5．3　海水中への金塊の溶解

（バカンティ教授） これでやっと海水中への純金の溶解へと，

たどり着くことができました。海水は電解質溶液であり，溶存化学種の 99.5％は 6 種類のイオン（Na^{+}，K^{+}，Mg^{2+}，Ca^{2+}，Cl^{-}および $SO_4{}^{2-}$）で占められています。更に簡略化すると，海水は主にナトリウム，部分的にはマグネシウムを陽イオン成分とする 0.55 － 0.56 モル濃度程度の塩化物溶液と見做すことができます。

上述の本研究の動向からすると，海水と希硝酸の混合溶液に「金塊」を投入し，加熱すると，その「金塊」が溶解するであろうことが容易に想像できます。私どもは，標準的な海水として「室戸海洋深層水」を利用しました。この海水の主要成分は典型的な 35‰（パーミル）海水に近似しています。海水 50 ミリリットルと 2.0 モル濃度の硝酸 50 ミリリットルを混合すると，Cl^{-}，Na^{+}および Mg^{2+}がそれぞれ 0.278，0.225 および 0.026 モル濃度 ($SO_4{}^{2-}$ は 0.014 モル濃度)，その他のイオンが共存する 1.0 モル濃度硝酸水溶液が 100 ミリリットルできます。

冷却コンデンサーを装着した二口フラスコ中（図 F-4）で混合液を約 100℃まで加熱し，沸騰が始まると，オープンハート型の金線（図 F-5 参照）5 本（全体で約 0.10 g）を投入しました。金線が全溶解するのに 17 時間程度かかりますが，溶解速度定数は $\log (k/s^{-1}) = -4.52$ となりました。他の海水，例えばハワイ沖（水深 1000 m) から採水した海水を用いても，同様の結果が得られました。

金線 5 本ではなく 10 本(約 0.20 g)を同方法で溶解させると，全溶解したように見えましたが，冷却後には，残渣が水面上に

浮かんできました。これは海水中のカルシウムが不溶性の塩を生成したせいかも知れません。それゆえ，本方式による海水（２倍希釈相当）への金溶解は 1000 ppm 程度が限度と判断しました。

図 F-4
海水と希硝酸の混合液による
「金塊」の溶解実験

ところで白金は，海水と 2.0 モル濃度硝酸の１：１混合溶液には溶解し難く，100℃で 10 日間加熱を続けても，重量はほとんど変化しませんでした。しかし，パラジウム線

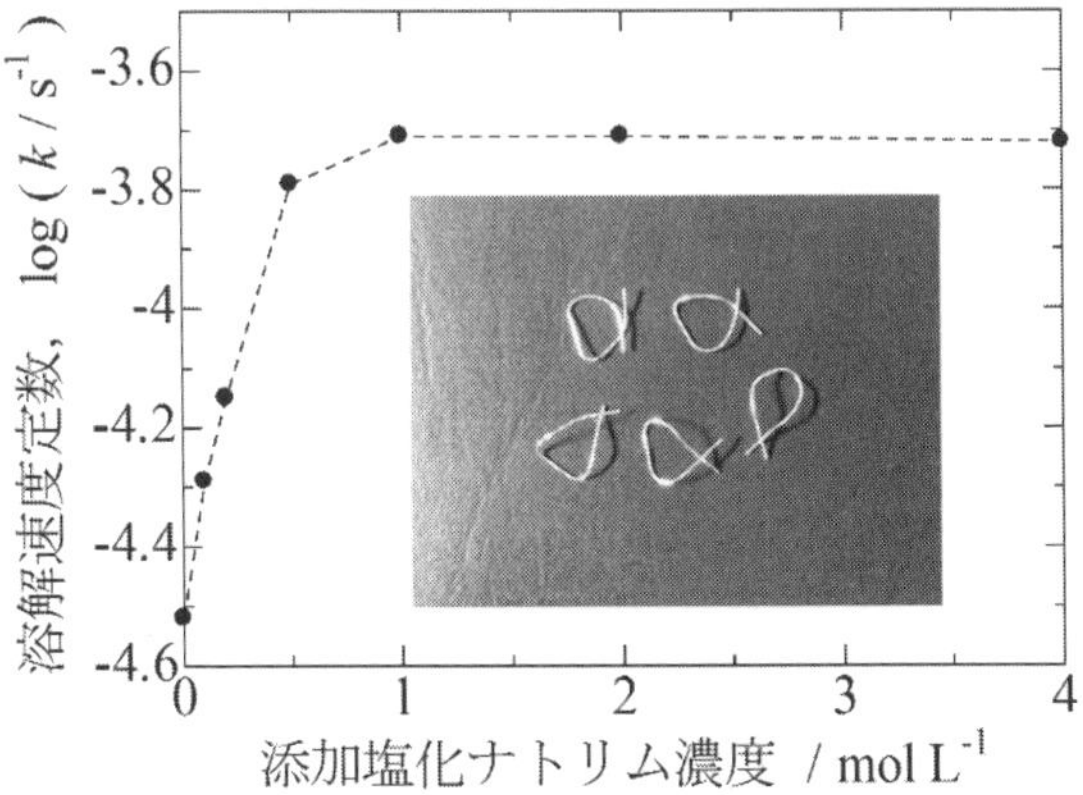

図 F-5
NaCl 添加された海水と希硝酸の混合液への純金の溶解速度変化

（0.04 g，直径 0.25 mm）は 50 ミリリットルの混合溶液に 100℃で 24 時間以内に全溶解しました。

図 F-5 には，海水に NaCl を添加したときの，100℃における金線の溶解速度定数の変化を示しています。海水への付加的な NaCl 濃度の増加によって，log (k/s^{-1}) 値は，-4.52 から著しく上昇し，付加的 NaCl 濃度 1.0 モル濃度のときには -3.71 となりますが，それ以上 NaCl 濃度を高めてもほとんど同じ値に留まりました。

次に NaCl 添加時の白金溶解について述べます。0.5 モル濃度の付加的 NaCl と 1.0 モル濃度硝酸を含む海水（2 倍希釈）100 ミリリットル中に，約 20 mg の白金線を 6 日間，100℃に保つと，2.8 mg の白金が残存しましたが，大半が溶解したのは確実です。先に述べたように，NaCl を添加していない海水と 2.0 モル濃度硝酸の 1 ： 1 混合物に，白金は全く溶解しなかったのとは対照的です。

海水と 2.0 モル濃度硝酸の混合物には，純金の溶解能があることを利用して，（模擬）廃棄プリント基板から金を回収することを試みました。ICP 発光分析により金が溶解するのを確認しましたが，このとき銅，ニッケル，アルミニウム，ケイ素および亜鉛なども同時に溶解してきました。

以上，純金など貴金属類の溶解現象を要約しますと，次のようになります。2 モル濃度以下の希硝酸は，それ自体では酸化力を発揮しませんが，塩化物塩を共存させると強力な酸化力を獲得し，Cl^-を Cl_2 まで酸化します。このような十分量の塩化物塩を含有する希硝酸水溶液により構成される塩素－塩化物系

は貴金属類，特に，純金を溶解させる優れた媒体であることが分かりました。

この他に，低濃度の HNO_3 と HCl の混合溶液「希王水」は，60 または 100℃のような高温にすると純金を容易に溶解します。この方法は 1000 ppm の金の標準溶液調製に応用できます。また，一般的な電気化学的実験において，ハロゲン化物塩溶液に浸した白金または金電極は，電位走査中に溶解し易くなるので要注意と思われます。

塩化物塩だけでなく，臭化物およびヨウ化物塩に関しても研究が進みました [21]。このような希硝酸による強力な酸化力発現に関する研究は，大気化学や環境化学の分野にも重要な知見を与えるものと考えられます。

（オーソレミタ教授） バカンティ教授の主張は，要するに，何らかの要因により「水溶媒が非水溶媒化する」とのとんでもない妄想に根拠をおいているように見える。そのような妄想を着想するに至る契機，キッカケでもあったのならば申し述べよ。

（バカンティ教授） そのような契機がありました。大学の学部学生時代に遡ります。化学科の同期生と共に，大学所有の山小屋で合宿し，スキーを楽しんだことがありました。冬山のスキーそのものには何ら問題はありませんでしたが，大勢の食事の後片付けが問題でした。同行した数人の女子学生たちも，夕食時には共に酒を飲み，食器を洗うのは後回しになりがちでした。そこで，私は「素晴らしい」方法を思い付きました。水ではな

く，小屋の周りにふんだんに積もっている雪を使って汚れを擦り落とせば，一網打尽ではなかろうかと。

早速，放置された食器の一部を屋外に持ち出し，柔らかい雪を手に掴んで，汚れを拭きとってみました。摩擦熱で表面の雪が水に変わり，上手く汚れが落ちるだろうとの予想に反して，手の中の雪には，ほとんど汚れが付いていませんでした。私は強い寒風にも負けて，早々に退散しました。

山小屋の中に入って見て，女子学生たちの行動には驚かされました。水を張った大きな鍋に，汚れた食器を入れ，薪ストーブの上に乗せて，おしゃべりしているではありませんか。私は，「一体何をしているのだ」と訝りましたが，結果は，間もなく明らかになりました。食器の汚れは跡形もなくなり，フキンで拭き取るのを待つだけとなっていたのでした。

このとき私は，冷水と湯（高温の水）との違いに気付かされたのでした。食器に付いた油脂類が湯の中にうまく溶け出するのは，温度差による速度の違いだけではなく，水に対する溶解度が高くなっており，それは水の特性そのものが変化しているためではなかろうかと着想したのです。「水は０℃では油脂を全く溶かさないが，100℃になると油脂とかなり混和する」との実感が残りました。

(オーソレミタ教授) お見事な陳述は以上だな，バカンティ教授。この王宮礼拝堂で開かれた審問委員会において，月曜日から本日までの５日間にわたり長々と陳述したことについては，とりあえず，ご苦労であったと申し述べておく。これから本審問委

員会は，一旦，休憩に入る。

審問委員会の最終判決

(オーソレミタ教授) これから本審問委員会の委員長たるオーソレミタ教授が，被告バカンティ教授に対し判決を申し渡す。以下の各項目別に，無罪か有罪かを述べる。

（1）水とアルコール「二水素エーテル説」…………有罪
（2）三重イオンとアルカリ金属イオンの錯形成……有罪
（3）化学反応速度に影響を及ぼす金属イオン………有罪
（4）酒熟成の統一的原理……………………………有罪
（5）海水への純金溶解………………………………有罪

バカンティ教授の唱える以上の諸説は，本審問委員会において，根拠に乏しい誤った学説と判定された。よって，バカンティ教授の出版した「酒と熟成の化学」は発行禁止処分とし，バカンティ教授をアカデミー会員から永久追放処分とする。

バカンティ教授，良いな。ただし，以上の5つの学説をすべて撤回し，公に謝罪すればアカデミー会員としての地位は保全されることを付言しておく。

最後に，バカンティ教授。学説の撤回，謝罪の意思を含め，何か言いたいことがあれば，発言を許可する。これが最後の釈明の機会となる。

（バカンティ教授） 最後に，発言の機会をいただき，有り難く存じます。人は誰も，大宇宙の自然現象である神の摂理に逆らうことが出来ません。本審問委員会において，私共の主要な研究成果を，かくの如く陳述致すことを為し終えることができ，大変晴れ晴れとした気分に浸っております。

現時点におきましては，提唱致しました学説はことごとく有罪とされ，オーソレミタ教授を始めとする審問委員会メンバー皆様のご理解を得るまでには至りませんでした。このような結果を招いたのは，ひとえに，私バカンティ教授の力量不足，不徳の致すところであります。

いまや私は「裸の王様」でしかありません。架空の衣服をまとい，寒さに震えながらも，えらそうに咳払いする王様の如く，根拠の希薄な理論を唱え，臆面もなく学生に教授していると見做されてしまったのですから。いや，あの哀れな「裸の王様」でさえもないのです。愛すべき化学の徒と語り合う場を失ったのですから。

しかし，いつの日か，私共のような愚者が提唱する珍説が，人々に受け入れられる時が来るのを夢見ております。その時は，エルバ島から脱出し，パリに戻って復権したナポレオンでありたいと存じております。パリから遠く離れている時には，「悪魔」と呼ばれましたが，パリに近づくにつれ「英雄万歳」と称えられたナポレオンのように。水があたかもエーテルに変貌するかの如くに。皆様，その時まで，しばしの別れと致しましょう。Addio ！

道化の再登場：学者という御仁たちのしでかすことと言ったら，全くろくでもないことばかりだ。小むずかしい理屈をいくらこねられても，この道化には，さっぱり「珍聞漢文」でしかない。これなら頑固で間抜けなロバでも相手にする方が，よっぽどましと言うものだ。海水には金が溶け出さないほうが良いに決まっているが，溶け出すというのなら，大騒ぎなどせずとも，上手く回収すれば良いまでのことよ。

ともあれ，昔から異端分子の処分は，火炙りの刑と決まっているはずだ。この道化の小さな頭の記憶を辿ればだが。えーと，今度の異端審問委員会の判決は火炙りの刑ではなかった？　これはどうしたことだ…。今日はクリスマスであったかな。クリスマスのプレゼントとして，手加減された？　ということは，ヤツの火炙りはやめて，代わりにこの道化を血祭りに上げるって？　火の粉が我が身に振りかかって来るってことか。それは危険極まりない。酒を鯨飲し，大言壮語した罪で取り押さえられる前に急いで，この「酔文対話」の幕引きとしよう。

注釈（金曜日）

[1] L. J. Beckham, W. A. Fessler, M. A. Kise: *Chem. Rev.*, **48**, 319 (1951).

[2] R. C. Weast: “Handbook of Chemistry and Physics”, 70th Ed., D-130 (1989), (CRC, Boca Raton, Florida).

[3] J. O. Marsden, C. I. House: “The Chemistry of Gold Extraction”, 2nd Ed., p. 233, (2006) (Society for Mining, Metallurgy, and Exploration, Littleton, Colorado).

[4] J. Percy, R. Smith: *Phil. Mag.*, **7**, 126 (1854).

[5] E. Sonstadt: *Chem. News*, **25**,196 (1872).

[6] E. Berl: *J. Chem. Educ*., **14**, 203 (1937).

[7] 石橋雅義 , 品川睦明 , 重松恒信：日本化学会誌 , **62**, 44 (1941).

[8] M. Koide, V. Hodge, E. D. Goldberg, K. Bertine: *Appl. Geochem*., **3**, 237 (1988).

[9] K. K. Falkner, J. M. Edmond: *Earth and Planetary Sci. Lett*., **98**, 208 (1990).

[10] **M. Hojo**: Pure Appl. Chem., **80**, 1539 (2008). 北條正司 : 分析化学 , **53**, 1279 (2004).

[11] V. Gutmann: "The Donor-Acceptor Approach to Molecular Interactions", (1978), (Plenum, New York).

[12] Y. Marcus: *J. Solution Chem*., **13**, 599 (1984).

[13] C. Reichardt, D. Che, G. Heckenkemper, G. Schaefer: *Eur. J. Org. Chem*., 2343 (2001).

[14] H. S. Frank, W.-Y. Wen: *Discuss. Faraday Soc*., **24**, 133 (1957).

[15] H. Nagayama, **M. Hojo**, T. Ueda, Y. Nishimori, M. Okamura, C. Daike: *Anal. Sci*., **17**, 1413 (2001).

[16] **M. Hojo**, T. Ueda, C. Daike, F. Takezaki, Y. Furuya, K. Miyamoto, A. Narutaki, R. Kato: *Bull. Chem. Soc. Jpn.*, **79**, 1215 (2006).

[17] **M. Hojo**, R. Kato, A. Narutaki, T. Maeda, Y. Uji-yie: *J. Mol. Liquids*, **163**, 161 (2011).

[18] E. Davy: *Proc. Roy. Soc. (London)*, **3**, 27 (1831).

[19] H. Kubota,T. Tamura: *ORNL-2984* (1960), (Oak Ridge National Laboratory, U.S. Atomic Energy Commission).

[20] **M. Hojo**, Y. Uji-yie, S. Tsubota, M. Tamura, M. Yamamoto, K. Okamura, K. Isshiki: J. Mol. Liquids, **194**, 68 (2014). 北條正司: 分析化学（年間特集号「金」）**63**, 715-720 (2014).

[21] **M. Hojo**, M. Yamamoto, K. Okamura: *Phys. Chem. Chem. Phys*., **17**, 19948 (2015).

あとがき

童話とエッセイ、架空の礼拝堂における専門研究の対話が、一冊の本の中に三部形式で混在するという「奇妙な本」ができ上がった。内容的には、落差が大きいとも、起伏に富んだ（富み過ぎた）ともいえようか。しかも読者は必ずしも限定されていない。年齢や性別、これまでの知識や教養にもとらわれることもない。一化学者の生き様、教育研究を進める中での苦悩や喜びが、童話、エッセイおよび研究対話の形式で展開していくのである。

科学研究に身を投じることは、決して生易しいことではない。絶えることのない試練が待ち受けていると覚悟しなければならない。しかし本書を読んだ読者の中から、さらに勉学に励み、自然科学、特に化学研究を志す若者が育っていくことを願っている。本書は、化学読み物、啓蒙書、共通教育の教科書としても役立つことを意図した。

本書の脱稿後、日本ポーラログラフ学会から「志方国際メダル」授賞の連絡が入ったことを記しておきたい。本賞は「電気分析化学において顕著な業績を収めた者の顕彰」が目的とされており、本学会の学会賞として位置づけられている。最も軸足に近い学会によってささやかなる業績が認められたことは、本著者の大きな喜びであり、大変光栄なることである。著者の提唱する学説に多少とも関心が集まり始め、同学の士が好意的な評価を下した結果を有難く受け止めている。

最後になるが、大学の教室で、研究室で、教えを乞った恩師や先輩方、共に歩んだ同僚、後輩、また共に学んだ大勢の学生たちに心から感謝の意を捧げる。

二〇一六年十一月　朝倉にて

北條　正司

著者プロフィール

北條正司（ほうじょう　まさし）

1952年2月17日生
神戸大学理学部卒業
京都大学大学院理学研究科博士課程修了（理学博士）
1979年　高知大学理学部赴任
2001年　高知大学理学部教授（専門：分析化学・環境化学など）
1982年～1984年　カナダ・カルガリー大学博士研究員
1987年～1988年　米国・テキサスA&M大学博士研究員
1997年　オーストラリア・モナシュ大学客員研究員
2013年　中国常州大学名誉客員教授
2016年11月　日本ポーラログラフ学会より志方国際メダル受賞

著 書

(1)「酒と熟成の化学～響きあう水とアルコール」（光琳）2009年（共著）
　第29回寺田寅彦記念賞受賞
(2) “Interaction between Hydrogen Bonding in Alcoholic Beverages” in Alcoholic Beverage Consumption and Health, ed. by A. Mazzei and A. D'Arco, Nova Science Publishers, (Hauppauge, NY) (2009) 2nd Chapter.（共著）
(3) 木村正俊（編著）「スコットランドを知るための65章」（明石書店）2015年（第53、65章担当）

訳 書

(1)「第二の故郷　豪州に渡った日本人先駆者たちの物語」（創風社出版、松山）2003年（共訳） Noreen Jones著 “Number 2 Home, A Story of Japanese Pioneers in Australia” (Fremantle Arts Centre Press, Fremantle) 2002.
(2)「北上して松前へ―エゾ地に上陸した豪州の捕鯨船」（創風社出版、松山）2012年（共訳）Noreen Jones 著 “North To Matsumae - Australian Whalers to Japan” (University of Western Australia Press, Crawley WA, Australia) 2008. 第23回高知出版学術賞受賞
(3)「クジラとアメリカ　アメリカ捕鯨全史」（原書房）2014年（共訳）Eric Jay Dolin著 “Leviathan: The History of Whaling in America” (W. W. Norton & Company Ltd.) 2007. 第59回高知県出版文化賞受賞

化学と空想のはざまで

―青い地球と酔文対話―

2016年12月27日 発行　定価＊本体価格1800円＋税
著　者　　北條　正司
発行者　　大早　友章
発行所　　創風社出版
〒791-8068 愛媛県松山市みどりヶ丘９－８
TEL.089-953-3153 FAX.089-953-3103
振替 01630-7-14660 http://www.soufusha.jp/
印刷　㈱松栄印刷所　　製本　㈱永木製本

ISBN 978-4-86037-240-8